AF567267

Pfeufer

FMEA nach AIAG und VDA

Hans-Joachim Pfeufer

FMEA – Fehler-Möglichkeits- und Einfluss-Analyse nach AIAG und VDA

HANSER

Bibliografische Information der Deutschen Nationalbibliothek:

Die Deutsche Nationalbibliothek verzeichnet diese Publikation in der Deutschen Nationalbibliografie; detaillierte bibliografische Daten sind im Internet über <http://dnb.d-nb.de/> abrufbar.

Print-ISBN 978-3-446-46741-5
E-Book-ISBN 978-3-446-46965-5

www.hanser-fachbuch.de
Lektorat: Lisa Hoffmann-Bäuml
Satz: Eberl & Kœsel Studio GmbH, Krugzell
Coverrealisation: Max Kostopoulos
Titelmotiv: © shutterstock.com/Sashkin
Druck und Bindung: CPI books GmbH, Leck
Printed in Germany

Inhalt

1 Einleitung

WORUM GEHT ES?

Die Methode der FMEA (Fehlermöglichkeits- und Einflussanalyse) wird seit Jahren im Rahmen der Risikoanalyse in den verschiedensten Industriebereichen angewandt. Die ersten Einsatzgebiete lagen dabei traditionell in der Produktentwicklung. Davon ausgehend erfolgte die Einbindung der Fertigungsprozessplanung und der Produktion. In der Automobilindustrie wird die gemeinsame Erstellung der FMEA für Produkte und Prozesse durch Kunde, Lieferant und Unterlieferant selbstverständlicher Bestandteil der Zusammenarbeit.

OEMs und Lieferanten, vertreten durch die Automotive Industry Action Group (AIAG) und den Verband der Automobilindustrie (VDA), haben in einer mehr als dreijährigen Zusammenarbeit die FMEA und deren Schlüsselbereiche neu erstellt. Damit wurde eine gemeinsame, übergreifende Basis der FMEA-Methode für die Automobilindustrie geschaffen. Neben dieser allgemein gültigen Beschreibung der FMEA sind zusätzlich die individuellen kundenspezifischen Forderungen zu berücksichtigen.

Der Anwender wird durch die „7 Schritte der FMEA" geführt und unterstützt. Die Beurteilung einer FMEA durch das Management beginnt mit der Optimierung. Das Ergebnis der Analyse wird in der Dokumentation dargestellt. Hier werden die Risiken und die Optimierung des Produkts oder des Prozesses aufgezeigt. Die einzelnen Bewertungen zu Bedeutung, Auftreten und Entdeckung sind zu diskutieren.

Die sich aus dem Produkt der einzelnen Bewertungen ergebende Risikoprioritätszahl wurde durch die Aufgabenpriorität ersetzt.

Die FMEA-Ergänzung für Monitoring und Systemreaktion (FMEA-MSR) wurde zur Analyse der diagnostischen Entdeckung und Fehlerreaktion im Kundenbetrieb eingeführt. Sie dient der Bewertung zur Erfüllung eines abgesicherten Status oder der gesetzlichen und behördlichen Vorgaben.

WAS BRINGT ES?

Von den ersten Anwendungen bis zur heutigen Durchführung wurde die Methode erheblich weiterentwickelt. Das vorliegende Buch beinhaltet den modifizierten Analysenaufbau und verkörpert den aktuellen Stand der Methode.

Mit der Ausdehnung des Begriffs „Qualität“ auch auf Dienstleistungen und insbesondere auf unternehmensinterne Zusammenarbeit erfasst das moderne Qualitätsmanagement alle Funktionen im Unternehmen. Das Bewusstsein, dass Nichtqualität als entgangener Ertrag betrachtet wird, hat dazu geführt, dass Qualität hohe Priorität in den Unternehmenszielen genießt.

In der FMEA werden die Produktfunktionen oder Prozessschritte bestimmt. Damit verbundene Fehlerarten, Fehlerfolgen und Fehlerursachen werden aufgezeigt. Durch Angabe der bereits geplanten Vermeidungs- und Entdeckungsmaßnahmen kann bewertet werden, ob die Maßnahmen zur Risikoreduzierung ausreichend sind. Bei unzureichender Risikoreduzierung werden zusätzliche Maßnahmen empfohlen, bewertet und beschlossen. Die Aufgabenpriorität legt die Reihenfolge der umzusetzenden Maßnahmen fest, die dokumentiert, nachverfolgt und nach der Umsetzung neu bewertet werden.

Eine konsequente Ausrichtung auf die Forderungen der Kunden – intern wie extern – setzt wesentliches Potenzial für die Verbesserung der Wettbewerbsfähigkeit frei. Es gilt, in allen Funktionen und Prozessen das Bewusstsein dafür zu schärfen, dass der Weg zu fehlerfreien und kundenorientierten Produkten und Dienstleistungen nur über das Prinzip der ständigen Verbesserung erreicht werden kann. Jeder Schritt zur Verbesserung muss sorgfältig definiert und in der Umsetzung gemessen und bewertet werden.

Die FMEA unterstützt die unternehmerischen Ziele:

- Qualität, Zuverlässigkeit, Herstellbarkeit, Funktionstüchtigkeit und Sicherheit von Kraftfahrzeugen verbessern
- Herunterbrechen und Anpassen von Forderungen vom System auf Teilsysteme und Baugruppen bis auf Komponenten unterstützen
- Garantie- und Kulanzkosten senken
- Kundenzufriedenheit im internationalen Markt steigern
- Im Produkthaftungsfall die Risikobewertung von Produkt und Prozess nachweisen
- Späte Änderungen in der Entwicklung reduzieren
- Produkte fehlerfrei einführen
- Kommunikation in internen und externen Kunden- und Lieferantenbeziehungen
- Wissensbasis im Unternehmen aufbauen

- Zulassungsvorgaben von Komponenten, Baugruppen, Teilsystemen, Systemen und Fahrzeugen einhalten
- Hierarchien, Verknüpfungen und Schnittstellen zwischen Komponenten, Systemen und Fahrzeugen erfassen

Andererseits sind der FMEA auch Grenzen gesetzt:

- Die FMEA ist eine qualitativ, subjektiv Analyse.
- Die FMEA ist nicht quantitativ messbar.
- Es werden nur Einfachfehler betrachtet.
- Grundlage ist der Kenntnisstand des Teams.
- Die Qualität der FMEA ist von den Aufzeichnungen, der Diskussion und den Entscheidungen innerhalb des Teams abhängig.

WIE GEHE ICH VOR?

Das Fehlervermeidungsprinzip hat eine zentrale Bedeutung, da Qualität nicht herausgeprüft werden kann, sondern konzipiert, entwickelt, geplant und produziert werden muss. Dieser präventive Grundsatz wird durch drei wesentliche Elemente realisiert:

- das Qualitätsmanagementsystem,
- das methodische Qualitätsmanagement und
- die konsequente Nutzung von Werkzeugen zur Fehlervermeidung.

Die wachsende Komplexität der Produkte und die gesetzlich verankerte Produkthaftung für Entwickler und Hersteller sind eine große Herausforderung für die Industrie.

Eine Antwort auf die kundenseitig geforderten Kostenoptimierungen von Produkten und Prozessen und zunehmenden Qualitätsansprüchen ist die Risikoreduzierung durch die Anwendung der FMEA-Methode.

Im Mittelpunkt steht das Qualitätsbewusstsein jedes einzelnen Mitarbeiters, die teamorientiert, systematisch und qualitativ die FMEA durchführen und damit technische Risiken analysieren, um so Fehler zu bewerten und durch Maßnahmen zu reduzieren. Damit wird die Produkt- und Prozesssicherheit verbessert. Dabei werden die Fehlerursachen und Fehlerfolgen der Fehlerart untersucht, Vermeidungs- und Entdeckungsmaßnahmen dokumentiert und Maßnahmen zur Risikoreduzierung empfohlen.

Der Projektablaufplan der Qualitätssicherungsaktivitäten (Bild 1.1) stellt dar, wann welche Methoden während Entwicklung und Planung erforderlich sind und wann ihr Vorhandensein vom Qualitätssicherungssystem gefordert wird.

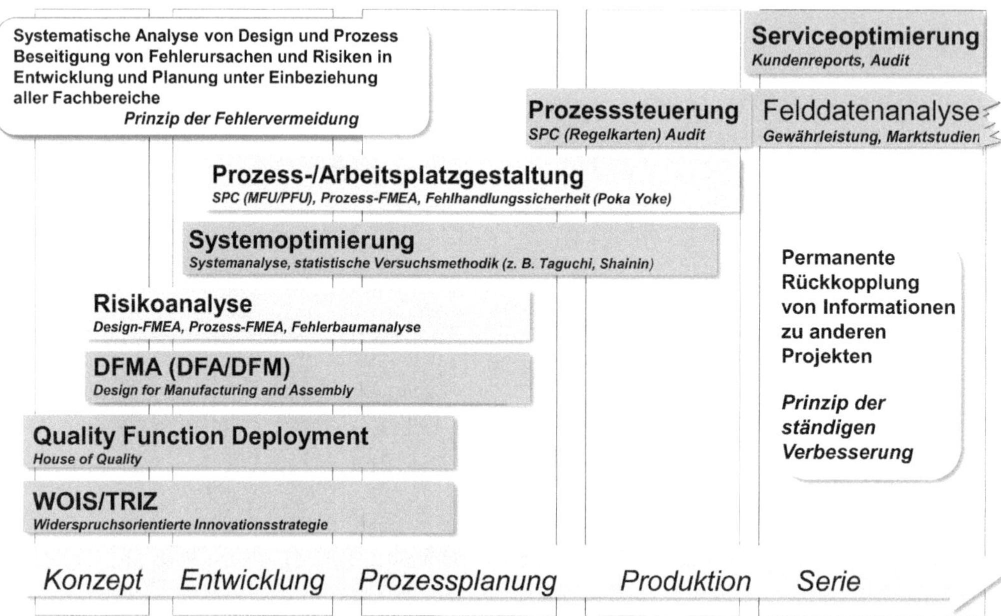

Bild 1.1 Methodeneinsatz in den Produktentwicklungsphasen

1.1 Einteilung der Risikoanalysen

WORUM GEHT ES?

Bedingt durch die Komplexität und den hohen Grad an Innovation sind die Risiko- und Zuverlässigkeitsanalysen und die daraus resultierenden Forderungen an das Qualitätsmanagement nicht voneinander zu trennen.

WAS BRINGT ES?

Risikoanalysen dienen in erster Linie der rechtzeitigen Erkennung und Beseitigung von Systemschwachstellen sowie der Durchführung von Vergleichsstudien. Risikoanalysen erlauben es, notwendige Sicherheitsmaßnahmen, deren Wirksamkeit und das verbleibende Risiko im Falle des Auftretens von Fehlern im System zu beurteilen. Aufgabe dieser Verfahren ist nicht nur, das Auftreten von Ausfällen zu ermitteln, sondern auch das Aufzeigen von möglichen Folgen aus einem Versagen, die für die Bewertung eines Schadens bzw. eines Unfallablaufs herangezogen werden. Das Risiko hängt vom Auftreten eines Problems und auch seiner Konsequenzen ab. Daher interessieren in Risikoanalysen stets zwei Größen:

- die Eintrittshäufigkeit und
- die Folgen eines Ausfalls.

WIE GEHE ICH VOR?

Bild 1.2 zeigt die Einteilung der gebräuchlichsten Risikoanalysen.

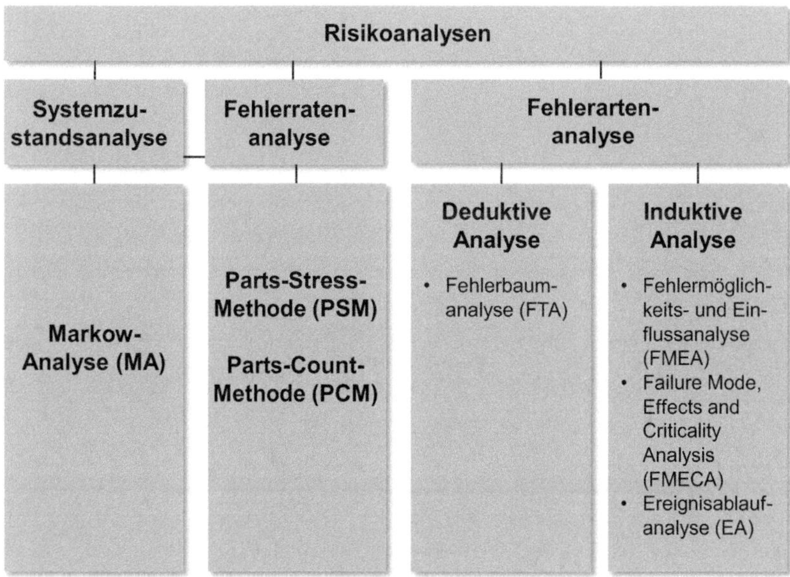

Bild 1.2 Einteilung der gebräuchlichsten Risikoanalysen

Die Praxis zeigt, dass bei der Forderung nach Risikoanalysen unterschiedliche Aufgabenstellungen existieren, die unterschiedliche Ansätze erfordern.

Sollen Mehrfachfehler betrachtet werden oder eine quantitative Analyse notwendig sein, sind andere Risikoanalysen wie z. B. die FTA (Fehlerbaumanalyse) anzuwenden.

Bild 1.3 stellt für die beiden bewährten und sich ergänzenden Methoden der Fehlerbaumanalyse (FTA) und der Fehlermöglichkeits- und Einflussanalyse (FMEA) die jeweilige Wirkrichtung dar. Während die FTA ausgehend von einem Ausfall die Ursache sucht, geht die FMEA von der Ursache aus und ordnet ihr die Wirkung, den Ausfall, zu.

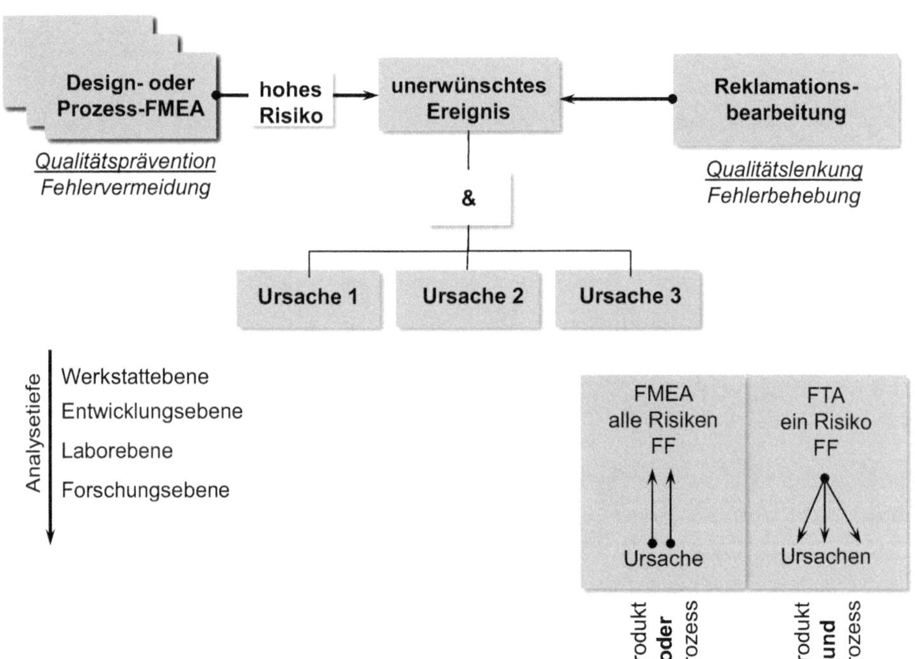

Bild 1.3 Zusammenwirken von FMEA und FTA

Die FMEA betrachtet die Auslegung oder die Herstellung eines Produkts.

Bei der FTA werden die Verknüpfung von verschiedenen Ereignissen und deren Auswirkung betrachtet. Hier werden Auslegung und Herstellung verknüpft.

1.2 Die Fehlermöglichkeits- und Einflussanalyse (Failure Mode and Effects Analysis – FMEA)

WORUM GEHT ES?

Bei der FMEA handelt es sich um eine in die Fachbereiche der Produkt-, Prozess- und Dienstleistungserstellung integrierte entwicklungs- und planungsbegleitende Risikoanalyse. Die FMEA ist ein wichtiges methodisches Instrument, um frühzeitig mögliche Fehlerart, deren Fehlerursachen und Fehlerfolgen, insbesondere bei neuen Konzepten, zu erkennen und diese zu vermeiden.

Mit der FMEA wird während der Entwicklungs- und Planungsphase von Produkten und Prozessen deren Reife hinterfragt und bewertet. Die FMEA ist damit ein möglicher „Reifegradmonitor“ und ein wichtiges Managementinstrument, das die interdisziplinäre Zusammenarbeit unterstützt. Die FMEA zeigt an allen kritischen Stellen im Konzept auf, wie durch Erfahrung, Berechnung, Erprobung und Prüfung je nach Projektfortschritt das Risiko bereits ausreichend gesenkt wurde oder künftig noch gesenkt werden muss.

WAS BRINGT ES?

Die im Folgenden beschriebenen Inhalte zur FMEA stellen den aktuellen Stand von Anwendern in der Automobilindustrie, ergänzt um Erfahrungen in der elektrotechnischen Industrie, dar und werden hier ausgeführt. Es werden als Voraussetzung für das grundsätzliche Verständnis einleitend die theoretischen Grundlagen der **FMEA** beschrieben.

Die FMEA unterstützt die Team- und Projektarbeit vor allem durch die konsequente Strukturierung der Fehlermöglichkeiten eines Systems.

Der Zweck der FMEA ist,

- Risiken zu erkennen,
- Risiken zu bewerten und
- Risiken zu reduzieren.

Die strukturierte Dokumentation der FMEA kann für nachgeschaltete Aufgaben genutzt werden, z. B. für Diagnose und Wartung oder den Dialog mit dem Gesetzgeber sowie Typprüfung oder Produkthaftung. Bei späteren Weiter- und Neuentwicklungen unterstützt die Dokumentation die Einarbeitung in das System und in die Fehlervermeidung.

WIE GEHE ICH VOR?

Die Erstellung der FMEA sollte zum frühestmöglichen Zeitpunkt erfolgen. Der prinzipielle Einsatz der FMEA in den einzelnen Produktphasen ist in Bild 1.4 dargestellt.

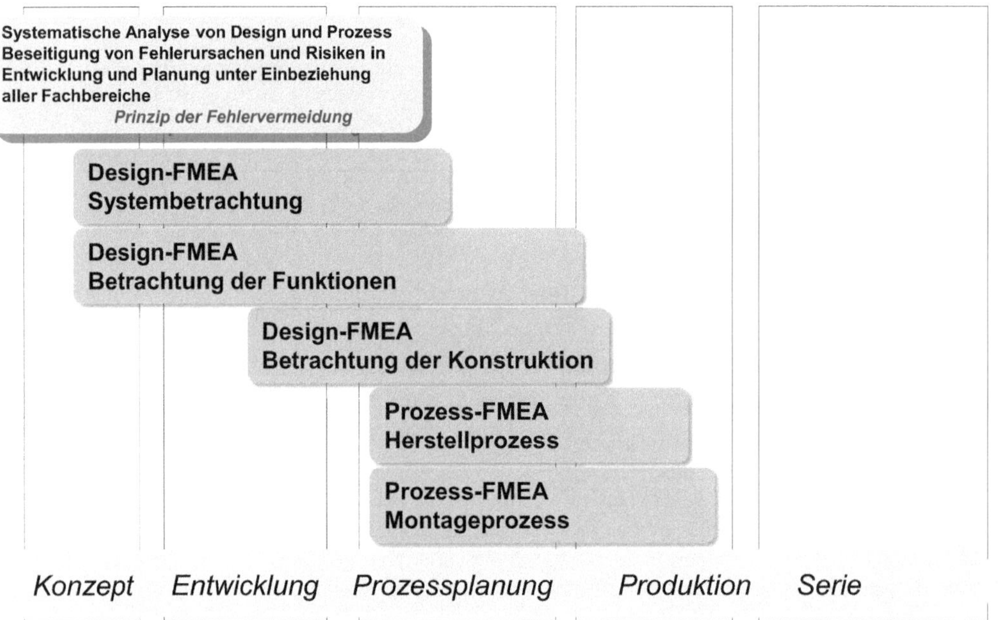

Bild 1.4 Prinzipieller Einsatz der FMEA

Als „lebendes Dokument" ist die FMEA in festzulegenden Zeitabständen auf den neuesten Stand zu bringen und bei Änderungen am Produkt oder Prozess im Rahmen der Serienbetreuung zu überarbeiten.

Bild 1.5 zeigt die Zeitpunkte für Beginn und Ende der FMEA-Erstellung im Produktentwicklungsprozess, angelehnt an den VDA-Band Reifegradabsicherung für Neuteile (RGA).

FMEA-Zeitplanung in der Reifegradabsicherung für Neuteile (RGA) nach VDA

RG0	RG1	RG2	RG3	RG4	RG5	RG6	RG7
Innovations-freigabe für Entwicklung	**Anforderungs management für Vergabe**	**Festlegung der Lieferkette und Vergabe**	**Technische Spezifikationen -freigabe**	**Produktionspla nung abschließen**	**Serienwerk-zeugfallende Teile und Serienanlagen**	**Produkt- und Prozess-freigabe**	**Projekt abschließen Übergabe an Serie, Start Requalifikation**
	FMEA-Planung Konzeptphase vor Beginn der Produktent-wicklung **Informations-fluss von der Design-FMEA zur Prozess-FMEA**	Beginn der Design-FMEA, bei bekanntem Designkonzept	Abschluss der Design-FMEA vor Freigabe der Design-spezifikationen		Abschluss der Design-FMEA Maßnahmen vor der Auswahl der Fertigungsmittel Produktion		**Neue Planung Design-FMEA und Prozess-MEA, bei Änderungen von Designs oder Prozesse**
	FMEAs im selben Zeit-raum durchführen, um das Produkt-das Prozess-design zu optimieren.	Beginn der Prozess-FMEA, bei bekanntem Produktions-konzept		Abschluss der Prozess-FMEA vor Prozess-entscheidungen		Abschluss der Prozess-FMEA vor PPAP/PPA	

Bild 1.5 Meilensteine im Produktentwicklungsprozess

1.3 Begriffsdefinitionen zur FMEA

WORUM GEHT ES?

Klassische Einsatzfelder der FMEA sind die Produktentwicklung und die Prozessplanung. Darüber hinaus ist die FMEA für alle funktionalen und ablauforientierten Systeme anwendbar. Wichtig ist bei der Durchführung der FMEA das konsequente Vorgehen in strukturierten Systemen. Es stellt die Grundlage für die Festlegung von Vorgehensweisen zur Erstellung von Design-FMEA und Prozess-FMEA dar.

WAS BRINGT ES?

Es wird unterschieden nach der **Design-FMEA** (Bild 1.6), welche die **funktionalen Zusammenhänge** des betrachteten Systems bis in die Merkmale der Komponenten untersucht, und nach der **Prozess-FMEA** (Bild 1.7), welche die Abläufe zur Herstellung des betrachteten Systems analysiert. Daraus folgt, dass die Design-FMEA die bekannte System- und Konstruktions-FMEA umfasst.

Produkt	[Kolben]	[Kolbenringnut]	[Merkmale Kolbenringnut]
Funktion	Dichtelement bilden	Dichtelement aufnehmen	Nutgrunddurchmesser festlegen (Konzept)
Fehlfunktion	Dichtelement nicht gebildet	Dichtelement nicht aufgenommen	Nutgrunddurchmesser zu klein (Design)

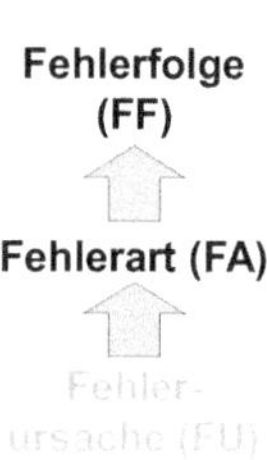

Bild 1.6 Design-FMEA

Prozess	[Merkmale Kolbenringnut]	[Schleifen]	[Schnittdruck]
Ablauf	Nutgrunddurchmesser festlegen (Prozess)	Auf Nutgrunddurchmesser schleifen	Rohling einspannen
Fehlfunktion	Nutgrunddurchmesser zu klein (Prozess)	Schleiffehler	Rohling lose

Fehlerfolge (FF)
Fehlablauf (FA)
Fehlerursache (FU)

Bild 1.7 Prozess-FME

WIE GEHE ICH VOR?

FMEA für Produkte und Prozesse

Die FMEA wird klassisch angewendet für:

1. Neue Produkte, neue Technologien oder neue Prozesse.

   Die FMEA betrachtet das gesamte Produkt, die gesamte Technologie oder den gesamten Prozess.

2. Neue Forderungen am bestehenden Produkt oder bestehendem Prozess.

   Die FMEA betrachtet ein bestehendes Produkt oder einen bestehenden Prozess in neuer Umgebung, Anwendung, Standort oder mit anderem Nutzungsprofil.

3. Technische Änderungen am bestehenden Produkt oder bestehendem Prozess.

   Auslöser für eine Überarbeitung der FMEA können Änderungen an Produkt bzw. Prozess, neue technische Entwicklungen, neue Forderungen wie Betriebsbedingungen, Gesetze, Normen, Kunde, Stand der Technik, interne Beanstandungen, 0-km-Ausfälle bzw. 0-h-Ausfälle, Feldausfälle, Produktüberwachung, neue Erkenntnisse und Rückrufe von Produkten sein.

Es gibt zwei FMEA-Ansätze:

Die Analyse der Produktfunktionen (Design-FMEA) und die Analyse der Prozessschritte (Prozess-FMEA).

Die FMEA-Methode und die Fehleranalyse

Voraussetzungen für die Erstellung einer FMEA sind:

- Die Strukturierung des Systems in mehrere Ebenen und darüber hinaus das Aufzeigen von Vernetzungen (Schnittstellen) der Ebenen auch über die Systemgrenzen hinweg.
- Darauf aufbauend lassen sich Systemausfälle unterschiedlich differenziert betrachten und Fehlerfolgen-, Fehlerarten- und Fehlerursachenketten entwickeln. Es ergibt sich die eindeutig zugeordnete Fehlerbeschreibung für jedes festgelegte Systemelement des Systems.

Die Fehlerbeschreibungen werden für jedes betrachtete Systemelement, unabhängig von seiner Komplexität, erstellt. Die Fehler eines Systemelements werden aus ihren zuvor beschriebenen Funktionen bzw. Aufgaben abgeleitet. Für jedes Systemelement (SE) werden so die denkbaren Fehlfunktionen gefunden. Die anschließende Verknüpfung der Fehlfunktionen unterschiedlicher Systemelemente führt zu den Fehlerfolgen, Fehlerarten und Fehlerursachen.

Die Design-FMEA betrachtet die möglichen Fehlfunktionen von Produktsystemen aus mehreren Komponenten als Fehler. Die Fehleranalysen gehen stufenweise bis in die Fehler der Komponenten.

Diese Vorgehensweise für Produkte lässt sich auf Prozesse übertragen.

Die Prozess-FMEA betrachtet die Fehlabläufe eines Produktionssystems, das aus mehreren Systemelementen besteht, als mögliche Fehlerart. Fehlablauf von Prozessen sind z.B. fehlerhafte Fertigungs- oder Montageschritte. Bei der Prozess-FMEA wird der Prozess in der Produktionsstätte betrachtet.

Die weitere Betrachtung entspricht der Vorgehensweise der Design-FMEA.

Die Inhalte der klassischen **Fehleranalyse** dienen als Basis für die Durchführung einer **Design-FMEA**.

Jede Komponente wird als Systemelement interpretiert, z.B. das SE „Kolben“ (Bild 8).

Die **Fehlerfolgen (FF)** wie z.B. die Folgen eines fehlerhaften SE „Kolben“ führen über die Fehlfunktionen der Kausalkette letztlich bis zum SE „Fahrzeug“.

Als mögliche **Fehlerart (FA)** werden die physikalischen Ausfälle, z.B. beim SE „Kolben“ untersucht.

Die **Fehlerursachen (FU)** werden für jede mögliche Fehlerart des SE „Kolben“ gesucht, z.B. beim SE „Kolbenringnut“.

Eine FMEA betrachtet die Fehlfunktionen in drei Ebenen, ausgehend von der Baugruppe SE „Kolben“ in Ebene 2 (FA) zum Teilsystem SE „ZB Kolben“ in Ebene 1 (FF) und zur Komponente SE „Kolbenringnut“ in Ebene 3 (FU) (Bild 1.8).

Struktur		Systemelement	Fehlfunktion
Gesamtsystem		Fahrzeug	Fahrzeug bleibt liegen
Produkt		Motor	Motor defekt
System		Kurbeltrieb	Brennraum undicht
Teilsystem	Ebene 1: Fehlerfolge (FF)	ZB Kolben	Brennraum zum Kurbelgehäuse undicht
Baugruppe	Ebene 2: Fehlerart (FA)	Kolben	Dichtelement nicht gebildet
Komponente	Ebene 3: Fehlerursache (FU)	Kolbenringnut	Dichtelement nicht aufgenommen
Merkmale Eigenschaften		Merkmale Kolbenringnut	Nutgrunddurchmesser zu klein Design/Prozess

Bild 1.8 Ebenen einer FMEA

- Die FMEA, Ebene 1, übernimmt diese Fehlfunktionen des SE als Fehlerfolge (FF).
- Bei der FMEA, Ebene 2, werden diese Fehlfunktionen dieses SE als Fehlerart (FA) betrachtet.
- In der FMEA, Ebene 3, werden die Fehlfunktionen des SE als Fehlerursache (FU) bezeichnet.

Die Übertragung dieser drei Ebenen auf die **Fehleranalyse** lässt sich wie folgt darstellen:

- Die Fehlerfolge (FF) der Fehlerart (FA) führt bei der Fehleranalyse des betrachteten Umfangs von der Fehlfunktion „Dichtelement nicht gebildet“ der Baugruppe „Kolben“ über „Brennraum zum Kurbelgehäuse undicht“ des Teilsystems „ZB Kolben“ zu „Brennraum undicht“ des Systems „Kurbeltrieb“ zu „Motor defekt“ des Produkts „Motor“ bis zu „Fahrzeug bleibt liegen“ des übergeordneten Gesamtsystems „Fahrzeug“.
- Ein abgegrenzter Systemumfang, der aus mehreren Komponenten bzw. Teilbereichen besteht, z. B. der „Kolben“, wird betrachtet. Wenn diese Baugruppe ihre Funktion im Einsatz nicht erfüllt, wird diese Fehlfunktion, z. B. „Dichtelement nicht gebildet“, als Fehlerart (FA) einer Design-FMEA interpretiert.
- Die Fehlerursache (FU) der Fehlerart (FA) wird in Fehlfunktionen von weiter detaillierten Systemumfängen gesucht, z. B. in der Fehlfunktion „Dichtelement nicht ausgenommen“ der Komponente „Kolbenringnut“.

2 Die FMEA-Methode

WORUM GEHT ES?

Der FMEA-Prozess wird in 7 Schritten durchgeführt.

Diese „7 Schritte der FMEA" umfassen das systematische Vorgehen für die Durchführung eine Fehlermöglichkeits- und Einflussanalyse und werden als technische Risikoanalyse dokumentiert (Bild 2.1).

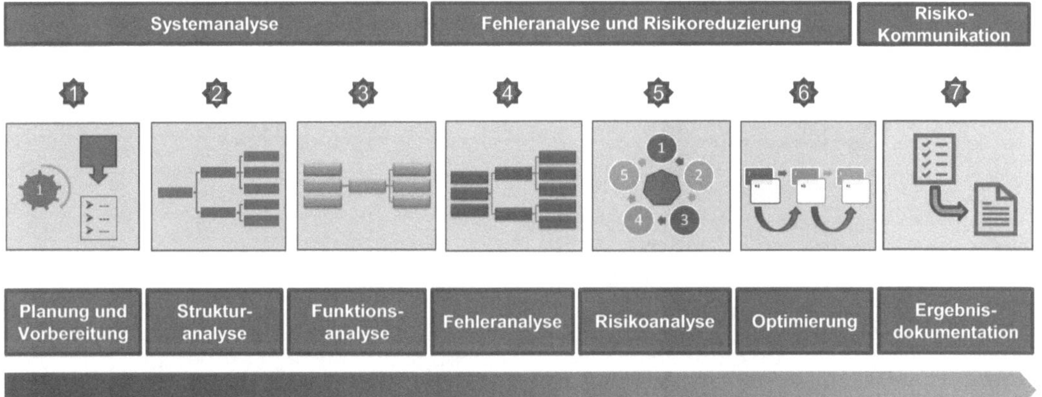

Bild 2.1 Die 7 Schritte der FMEA

WAS BRINGT ES?

Der aus der ISO 9001 und der IATF 16949 bekannte prozessorientierte Ansatz wurde in die Vorgehensweise zur Durchführung der FMEA übernommen. Daraus ergibt sich für jeden Schritt der FMEA eine einheitliche Darstellung.

WIE GEHE ICH VOR?

1. Schritt: Vorbereitung und Planung
   - Projektplan erstellen
   - Analyseumfang festlegen

2. Schritt: Strukturanalyse
   - Beteiligte Elemente strukturieren
   - Systemstruktur erstellen
3. Schritt: Funktionsanalyse
   - Funktionen den Strukturelementen zuordnen
   - Funktionen verknüpfen
4. Schritt: Fehleranalyse
   - Fehlfunktionen den Funktionen zuordnen
   - Fehlfunktionen verknüpfen
5. Schritt: Risikoanalyse
   - Aktuelle Vermeidungs- und aktuelle Entdeckungsmaßnahmen dokumentieren
6. Schritt: Optimierung
   - Risiko mit weiteren Maßnahmen mindern
   - Geänderten Stand bewerten
7. Schritt: Ergebnisdokumentation
   - Ergebnisse und getroffene Maßnahmen inkl. Nachweis der Wirksamkeit dokumentieren
   - Aktuellen Stand bewerten
   - Kommunikation der Ergebnisse

Die „7 Schritte der FMEA" erweitern den „5-Schritte-Ansatz" im VDA Band 4, Kapitel „Produkt- und Prozess-FMEA".

- Die **Systemanalyse**, Schritt 1 bis 3, beinhaltet die Vorbereitung und Planung, die Strukturanalyse und die Funktionsanalyse.
- Die **Risikoanalyse und Fehlerreduzierung**, Schritt 4 bis 6, beinhaltet die Fehleranalyse, die Risikoanalyse und die Optimierung.
- Die **Ergebnisdokumentation**, Schritt 7, beinhaltet die Risikokommunikation.

Die 7 Schritte werden im Folgenden theoretisch und an Beispielen näher erläutert. Sie vermitteln das grundlegende Verständnis für die Vorgehensweise bei der FMEA.

2.1 Schritt 1: Planung und Vorbereitung

WORUM GEHT ES?

In der Planung und Vorbereitung werden die Grundlagen für die Abarbeitung der FMEA gelegt (Tabelle 2.1).

Tabelle 2.1 Steckbrief – Schritt 1: Planung und Vorbereitung

▪ Umfang:	Analyseumfang
▪ Hilfsmittel:	Projektplan „5 Z“
▪ Analyse:	Analysegrenzen
▪ Beteiligte:	Basis-FMEAs einschließlich Lessons Learned
▪ Ergebnis:	Ausgangsbasis für die Strukturanalyse

WAS BRINGT ES?

Planung der FMEA

Die FMEA wird von einer interdisziplinären Arbeitsgruppe, bestehend aus dem Verantwortlichen für das Projekt und den Experten aus den Bereichen Planung, Produzent, Labor, Betriebsmittelplanung, Prüfer usw. sowie notwendigen weiteren Wissensträgern und Methodenspezialisten, erstellt, weil

- das Wissen und die Erfahrung von mehreren Mitarbeitern genutzt werden können,
- die Akzeptanz der erstellten FMEA steigt,
- die bereichsübergreifende Kommunikation und Zusammenarbeit gefördert wird und
- das Hinzuziehen von Methodenspezialisten die systematische und effiziente Bearbeitung sichergestellt.

Im Folgenden sind die jeweiligen Aufgabenstellungen im FMEA-Team beispielhaft aufgeführt.

Aufgabenzuordnung Schritt 1: Planung und Vorbereitung

F: Fachbereich (Initiator): Auftraggeber, Projektleiter

- Entscheidung über die Durchführung (Handlungsbedarf einer FMEA bzw. anderer Methoden),
- Verantwortlichen zur Durchführung festlegen (kann auch mit dem Funktionsverantwortlichen bzw. Auftraggeber/Projektleiter identisch sein),
- Unterstützung beim Sammeln von Informationen,
- Bereitstellung der Ressourcen.

V: Verantwortliche Entwickler/Planer: Durchführung

- Beschaffung der notwendigen Unterlagen und Informationen,
- Koordinieren und Organisation der Abläufe,
- Themenabgrenzung, Schnittstellendefinition, Teambildung,
- Verantwortung für das Ergebnis der Definitionsphase.

B: Basisteam FMEA: Core Team

- Ein Mitarbeiter als Entwickler, Konstrukteur bzw. Prozessplaner, Arbeitsvorbereitung
- Zwei bis drei Mitarbeiter als Versuchsingenieur, Musterbau bzw. Fertigung, Produzent, Prüfer und Qualitätssicherung
- Bei Bedarf Experten zum fachlichen Inhalt der FMEA-Sitzung, weitere Wissensträger (Laborant, Kunde, Lieferant usw.) hinzuziehen.
- Ein Mitarbeiter als Methodiker

T: FMEA-Team: Teammitglieder

- Mitwirkung bei der Vorbereitung der FMEA (Projektabgrenzung, Schnittstellendefinition, Teambildung)
- Einbringen von Erfahrungen aus vergleichbaren FMEAs.

M: FMEA-Moderator: FMEA-Spezialist

- Mitwirkung bei der Teamzusammensetzung,
- Mitwirkung bei der Erstellung des Grobterminplans,
- Mitwirkung bei der Einladung zur ersten Teamsitzung für die Analysephase,
- Mitwirkung bei der Erstellung von Entscheidungsvorlagen, Kriterien.
- Moderation der FMEA
- Erstellen der Dokumentation

Das FMEA-Team darf nicht zu groß sein. Eine gute Praxis ist, ein Basisteam aus vier bis fünf Mitarbeitern festzulegen und zu den fachspezifischen Themen, die das Basisteam nicht abdecken kann, die Wissensträger zeitlich befristet hinzuzuziehen.

Dem Team werden die vom Systemspezialisten erarbeiteten Unterlagen nach dem ersten und zweiten Schritt der FMEA, wie die Struktur des Systems, die Systemfunktionen, die Umgebungsbedingungen (wie z. B. Temperatureinflüsse, Staub, Spritzwasser, Salz, Vereisung, Schwingungen, elektrische Störungen), die Hilfsquellen des Systems usw., vorgestellt. Weitere Unterlagen wie Lastenheft, Schaubilder, Skizzen, Versuchsberichte, Gewährleistungsdaten usw. sind für die Bearbeitung dem Team zur Verfügung zu stellen.

Zur effizienten Systemanalyse wird empfohlen, vom Gesamtsystem in Richtung untergeordneter Systeme vorzugehen („top down").

Die Systemanalyse kann ressourcenschonend mit dem Verantwortlichen und dem Moderator beginnen. Die Teamarbeit beginnt mit der Fehleranalyse. Allgemein wird die Fehleranalyse in Form eines Brainstormings organisiert. Die Durchführung der FMEA kann durch weitere Hilfsmittel wie z. B. dem Ursachen-Wirkungs-Diagramm oder mittels einer Fehlerbaumanalyse unterstützt werden.

Aufgabenverteilung unter Partnern in der FMEA

Ausgehend von der höheren Systemebene werden die Schnittstellen zu tieferen Systemebenen definiert. Dadurch wird eine klare Aufgabenverteilung bei der FMEA unter mehreren Partnern festgelegt. Die Systemelemente an den Schnittstellen werden gemeinsam analysiert und abgestimmt.

Die Betrachtung der Schnittstellen in der FMEA zum Lieferanten liegt in der Verantwortung des Kunden. Er ist für diesen Umfang insgesamt verantwortlich.

Der Lieferant verantwortet seine Umfänge.

Bei der FMEA sind die Bewertungszahlen für die Bedeutung der Fehlerfolgen, die in höheren Systemebenen festgelegt werden, in tiefer liegenden Ebenen zu berücksichtigen, da die Bedeutung sich jeweils an der ungünstigsten Fehlerfolge („worst case") orientiert.

Die Bewertungstabellen werden zwischen Kunden und Lieferanten abgestimmt.

Grundsätzlich werden FMEAs von Lieferanten über die Schnittstellenbereiche hinaus nicht an den Kunden übergeben. Auf Anfrage werden die wesentlichen Ergebnisse präsentiert. In besonderen Fällen können Auszüge aus der FMEA übergeben werden.

Wird die FMEA gemeinsam von Lieferant und Kunde erstellt, wie dies beim Betrachten von Schnittstellen üblich ist, so ist diese FMEA gemeinsames Gut, und die gemeinsam erarbeiteten Ergebnisse stehen allen beteiligten Parteien zur Verfügung.

Vorbereitung der FMEA

Zu Beginn sind die „**5 Z**" zu klären:

1. **Z**weck: Warum wird die FMEA durchgeführt?
2. **Z**eitrahmen: Bis wann muss die FMEA vorliegen?
3. Team**Z**uordnung: Teammitglieder festlegen

4. Aufgaben**Z**uweisung: Welche Aufgaben sind durchzuführen?
5. Werk**Z**eug: Womit wird die FMEA durchgeführt?

Bereits während der Definitionsphase in der Produktentwicklung sollten die jeweils zu realisierenden Systemfunktionen vom verantwortlichen Entwickler bzw. Planer zusammengestellt werden. In der ersten Teamsitzung sind grundsätzlich alle organisatorischen Fragen zu klären, z. B. die Dauer des FMEA-Projekts, der Turnus der Sitzungen, die terminliche Einbindung im Gesamtprojekt usw.

Notwendige Arbeitsunterlagen

- Projektterminplan, Spezifikationen mit ausreichender Detaillierung, dies sind z. B. Lastenhefte, Zeichnungen, Systembeschreibung, Komponenten, Funktionsbeschreibungen, Vernetzung, Schnittstellen, Wechselwirkungen mit anderen Systemen und Umfeld, Kundenvorschriften, Kunden-/Lieferantenvereinbarung, Vorgaben für Qualitätsziele, Produkt/Prozess, Sicherheitskonzept, Diagnose, Einsatzbedingungen, Einbausituation, Qualitätsvorschriften, interne Vorschriften und Vorgaben, Prozesse, Verfahrensanweisungen, Prüfanweisungen bzw. Änderungen der Umfänge;
- Stücklisten, Fertigungspläne, Montage- und Prüfpläne;
- Vorhergehende FMEAs;
- Basis- und Familien-FMEAs;
- Nachweis über Erfahrungen aus Vergleichserzeugnissen und Vorgängerprodukten, z. B. Versuchsberichte, Fehlerlisten und Felderfahrung;
- Ergebnisse aus vorausgegangenen Analysen, z. B. Gefahren- und Risikoanalyse (GuR), Fehlerbaumanalyse (FTA), Quality Function Deployment (QFD);
- Gesetzliche und behördliche Vorgaben, Verfahrensanweisungen, Qualitätsvorschriften, Qualitätsziele, Verordnungen, Sicherheitsvorschriften, Normen, Typisierungsunterlagen;
- spezifische FMEA-Bewertungstabellen.

Die Arbeitsunterlagen müssen dem aktuellen Stand entsprechen.

WIE GEHE ICH VOR?

2.1.1 Design-FMEA

Die Design-FMEA (DFMEA) wird vor Freigabe eines Produkts für die Produktion durchgeführt, um potenzielle Fehlerarten und die entsprechenden Fehlerursachen und Fehlerfolgen zu reduzieren.

Die DFMEA untersucht mögliche Fehler bei der Konstruktion von Komponenten und Produkten, um die Funktionen der Produkte gemäß den Vorgaben zu entwickeln.

Die DFMEA wird primär von den Entwicklern eingesetzt, die für die Konstruktion verantwortlich sind (Bild 2.2).

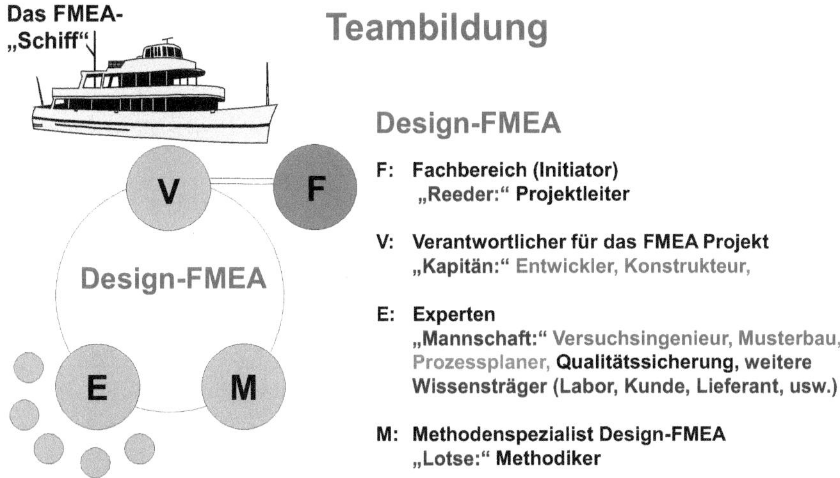

Bild 2.2 Teambildung Design-FMEA

Die DFMEA analysiert die aus Funktionsabweichungen entstehenden möglichen Fehlerarten im System, um Maßnahmen festzulegen und die Produkte robust auszulegen. Erforderliche Maßnahmen sind vor Produktfreigabe umzusetzen, um unerwünschte Fehler im Kundenbetrieb und deren Auswirkungen zu vermeiden.

Notwendige Angaben zum DFMEA-Projekt:

- Unternehmen
- Entwicklungsstandort
- Kunde
- Modelljahr(e)/Programm(e)
- DFMEA-Projekt
- DFMEA-Startdatum
- DFMEA-Revisionsdatum
- Interdisziplinäres Team
- DFMEA-ID
- Design-Verantwortung
- Vertraulichkeitsstufe

2.1.2 Prozess-FMEA

Die Prozess-FMEA (PFMEA) wird vor Freigabe eines Produktionsprozesses durchgeführt, um potenzielle prozessbezogene Fehlerarten und die entsprechenden Fehlerursachen und Fehlermechanismen zu reduzieren.

Die PFMEA untersucht mögliche Fehler bei der Herstellung, Montage und den logistischen Prozessen, um Produkte gemäß der Konstruktion zu produzieren.

Die PFMEA wird primär von den Prozessplanern eingesetzt, die für die Planung der Produktionsprozesse verantwortlich sind (Bild 2.3).

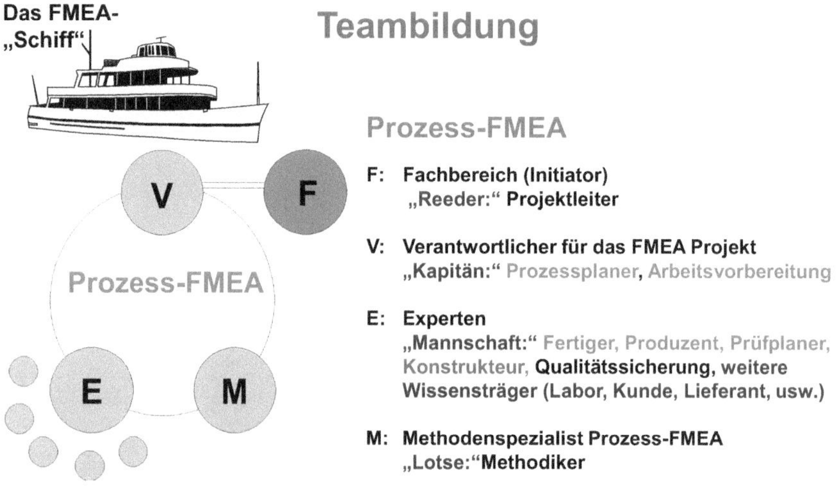

Bild 2.3 Teambildung Prozess-FMEA

Die PFMEA analysiert die aus Prozessabweichungen entstehenden möglichen Fehlerarten in den Prozessen, um Maßnahmen festzulegen und den Produktionsprozess zu verbessern. Erforderliche Maßnahmen sind vor Produktionsstart umzusetzen, um unerwünschte Fehler bei der Herstellung und der Montage und deren Auswirkungen zu vermeiden.

Notwendige Angaben zum PFMEA-Projekt:

- Unternehmen
- Produktionsstandort
- Kunde
- Modelljahr(e)/Programm(e)
- PFMEA-Projekt
- PFMEA-Startdatum
- PFMEA-Revisionsdatum
- Interdisziplinäres Team
- PFMEA-ID
- Prozessverantwortung
- Vertraulichkeitsstufe

2.2 Schritt 2: Strukturanalyse

WORUM GEHT ES?

Im Wesentlichen wird bei der FMEA zwischen der Design-FMEA, der Konstruktionsauslegung für Systeme, Teilsysteme, Baugruppen und Komponenten, und der Prozess-FMEA für sonstige Prozesse/Abläufe im Fertigungs-, Montage-, Logistikprozess usw. unterschieden.

Die Strukturanalyse ist das Kernstück der FMEA (Tabelle 2.2).

Tabelle 2.2 Steckbrief – Schritt 2: Strukturanalyse

▪ Umfang:	Grafik Betrachtungsumfang
▪ Hilfsmittel	DFMEA: Strukturbaum, Block-/Boundary-Diagramm, digitales Modell oder physische Komponenten PFMEA: Strukturbaum, Prozessflussdiagramm
▪ Analyse:	DFMEA: konstruktive Schnittstellen, Wechselwirkungen und Komponentenabstände PFMEA: Prozessschritte und Teilschritte
▪ Beteiligte:	Schnittstellen zwischen Lieferanten und Kunden
▪ Ergebnis:	Ausgangsbasis für die Funktionsanalyse

WAS BRINGT ES?

Das System besteht aus einzelnen Systemelementen (SE), die zur Beschreibung und Gliederung des Hardwarekonzepts dienen und die im Strukturbaum angeordnet sind. Als SE sind auch Teilbereiche (Funktionsbereiche) und Untergruppen von Komponenten möglich.

Die Beziehungen eines Systems, Teilsystems, einer Baugruppe oder von Komponenten und deren Funktionen zwischen innerhalb und außerhalb der Systemgrenzen werden untersucht. Hilfreich kann ein Block-/Boundary-Diagramm oder ein Strukturbaum sein, um mögliche Schwachpunkte zu identifizieren und so potenzielle Fehlerrisiken zu erkennen.

WIE GEHE ICH VOR?

Abgrenzung der Design-FMEA zur Prozess-FMEA

- Die Design-FMEA untersucht unter anderem, ob der Herstell-/Montageprozess aus konstruktiver Sicht durchführbar ist.
- Die Prozess-FMEA untersucht, wie der Herstell-/Montageprozess durchgeführt wird.

2.2.1 Design-FMEA

Die DFMEA untersucht

- Funktionen innerhalb und außerhalb der Systemgrenzen,
- die Funktionstüchtigkeit eines Gesamtsystems,
- die Eigenschaften und Merkmale der Komponenten hinsichtlich ihrer Eignung zur Erfüllung ihrer Funktionen,
- das Zusammenwirken der Komponenten,
- potenzielle Fehlerarten und die entsprechenden Fehlerursachen oder Fehlermechanismen im Produktentstehungsprozess vor Freigabe des Produkts zur Produktion,
- Schnittstellen, Wechselwirkung und Einflüsse zwischen den Komponenten des Lieferanten und deren Kunden.

Eine DFMEA wird durch Systemelemente dargestellt, die aus verschiedenen Teilsystemen und Komponenten bestehen.

- Systeme
- Teilsysteme
- Baugruppen
- Komponenten
- Funktionsbereiche

Strukturbaum Design

Der Strukturbaum ordnet von oben die einzelnen Systemelemente auf unterschiedlichen hierarchischen Ebenen an. Die unter jedem einzelnen SE angeordneten weiteren Teilstrukturen sind in sich eigenständig. Die so entstehende Anzahl von Ebenen kann unterschiedlich sein. Als Teilsysteme werden die Systemelemente einer Teilstruktur betrachtet.

Der Strukturbaum ist eine Abbildung der Hardware des technischen Systems, bei der jedes Systemelement nur einmal dargestellt wird.

Darüber hinaus sind von jedem SE vorhandene Verbindungen als Schnittstellen zu anderen SE zu beschreiben.

Bild 2.4 zeigt als Beispiel einen Strukturbaum „Produkt".

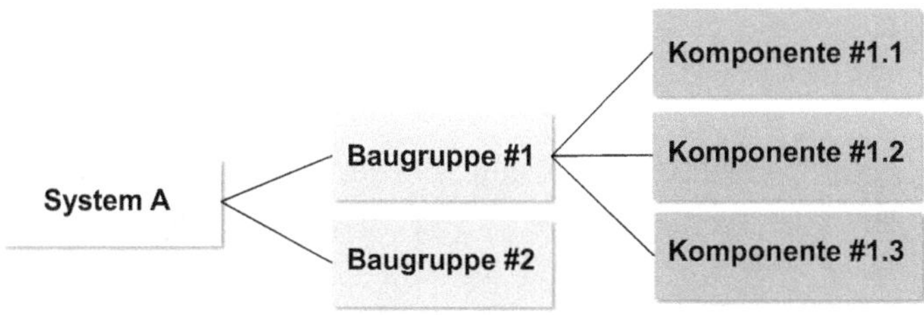

Bild 2.4 Strukturbaum Design

Block-/Boundary-Diagramm Design

Block-/Boundary-Diagramme sind hilfreiche Werkzeuge für die Darstellung des betrachteten Systems und seiner Schnittstellen zu angrenzenden Systemen, der Umgebung und dem Kunden. Das Diagramm ist eine grafische Darstellung und erleichtert die Analyse der Systemschnittstellen für die Design-FMEA. Das folgende Diagramm zeigt die physischen und logischen Beziehungen zwischen den Produktkomponenten (Bild 2.5).

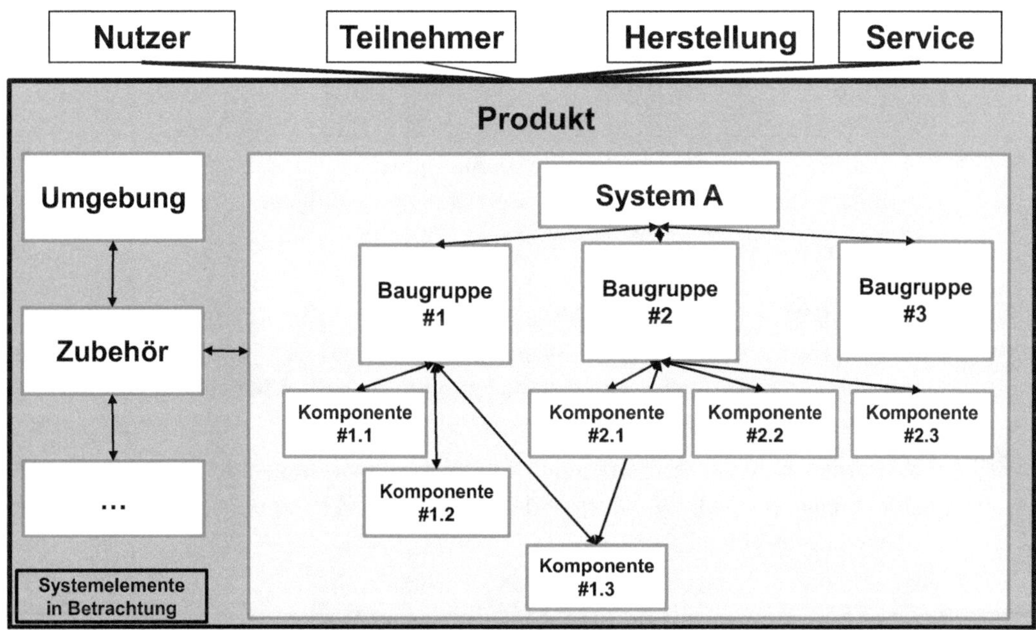

Bild 2.5 Block-/Boundary-Diagramm Design

Block-/Boundary-Diagramme werden mit wachsender Entwicklungsreife fortlaufend weiter verfeinert.

Es zeigt die Wechselwirkungen zwischen Komponenten, Baugruppen, Teilsystemen und Systemen innerhalb des Konstruktionsumfangs sowie die Schnittstellen zum Kunden des Produkts, der Herstellung, dem Kundendienst, dem Versand usw. Das Diagramm stellt Objekte dar, mit denen das Produkt während seiner Nutzungsdauer interagiert.

Das Diagramm wird in Form von Blöcken dargestellt, die durch Linien miteinander verbunden sind. Dabei steht jeder Block für eine Hauptkomponente des Produkts. Die Linien stellen die Beziehungen bzw. Schnittstellen zwischen den verschiedenen Produktkomponenten dar, Pfeile zeigen die Wirkrichtung an.

Unternehmen können unterschiedliche Ansätze und Formate für Block-/Boundary-Diagramme bestimmen. Im vorliegenden Handbuch werden die Begriffe „Blockdiagramm“ und „Boundary-Diagramm“ synonym verwendet. Das Boundary-Diagramm ist umfangreicher, da es auch die Einflüsse von außen und Systemwechselwirkungen beinhaltet.

Block-/Boundary-Diagramme stellen den Analyseumfang und die Verantwortlichkeiten im Kontext der DFMEA dar. Sie unterstützen ein zielgerichtetes Brainstorming. Der Betrachtungsumfang wird durch die Systemgrenzen festgelegt, Schnittstellen zu externen Systemen sollten auch untersucht werden.

- Festlegung der Planung
- Identifizierung interner und externer Schnittstellen
- Anwendbarkeit auf Systeme, Teilsysteme, Baugruppen und Komponenten

Korrekt aufgebaut stellen Block-/Boundary-Diagramme detaillierte Informationen für das Parameter-Diagramm (P-Diagramm) und die DFMEA zur Verfügung. Block-/Boundary-Diagramme können bis auf Detailebene aufgebaut werden, identifizieren die Hauptelemente, deren Wechselwirkungen untereinander und mit externen Systemen.

Eine FMEA wird durch ihre Teilsysteme definiert und hängt von der Betrachtung oder den Verantwortlichen ab. Systemfunktionen auf Fahrzeugebene werden auf Teilsysteme, Baugruppen und Komponenten zur Analyse heruntergebrochen. Ein Teilsystem wird genauso wie ein System betrachtet.

Es werden mögliche Schnittstellen und Wechselwirkungen zwischen Systemen, Teilsystemen, der Umgebung und den Kunden, Lieferanten, Unterlieferanten, OEMs und Endnutzer betrachtet.

Komponenten können Software-, elektronische und mechanische Komponenten sein und umfassen Fahrzeug, Fahrwerk, Motor, Antrieb, Lenkung, Bremsanlage oder Regelungssysteme.

Eine Komponenten-DFMEA ist Teil eines Teilsystems oder eines Systems. So ist z. B. ein „ZB Kolben“ eine Komponente des „Kurbeltriebs“, die wiederum ein Teilsystem des „Motors“ ist. Ein „Motor“ kann auch Komponente oder Produkt genannt werden. Der Begriff „Systemelement (SE)“ wird unabhängig von der Ebene in der Analyse verwendet.

2.2.2 Prozess-FMEA

Die Prozess-FMEA untersucht

- ganzheitlich den Gesamtprozess,
- Zusammenwirken der Teilprozesse unter verschiedenen Prozesseinflussgrößen sowie
- Eigenschaften und Merkmale von Prozessen und Abläufen hinsichtlich ihrer Eignung zur Erfüllung der Prozessforderungen.

Ein Prozessflussdiagramm oder ein Strukturbaum definieren den Prozess in einer Systemanalyse. Die Darstellung gibt das Unternehmen sowie die Verwendung von Symbolen, Symboltypen und deren Bedeutung vor. In einer Prozess-FMEA wird der physische Prozessfluss dargestellt.

Prozessflussdiagramm

Das Prozessflussdiagramm ist ein Werkzeug der Strukturanalyse (Bild 2.6).

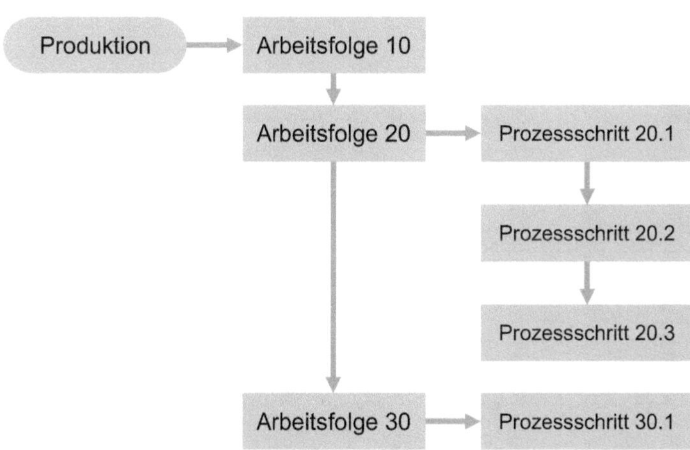

Bild 2.6 Prozessflussdiagramm

Strukturbaum Prozess

Der Strukturbaum ordnet von oben die einzelnen Systemelemente auf unterschiedlichen hierarchischen Ebenen an. Die unter jedem einzelnen SE angeordneten weiteren Teilstrukturen sind in sich eigenständig. Die so entstehende Anzahl von Ebenen kann unterschiedlich sein. Als Teilsysteme werden die Systemelemente einer Teilstruktur betrachtet.

Der Strukturbaum ist eine Abbildung der Arbeitsfolgen und Arbeitsschritte des Produktionsprozesses, bei der jedes Systemelement nur einmal dargestellt wird.

Die grafische Struktur ermöglicht es, das Verständnis der Beziehungen zwischen Prozessen, Prozessschritten und Prozessursachen besser zu verstehen. Jedem dieser Bausteine werden in den nächsten Schritten Abläufe und Fehlabläufe zugeordnet.

Darüber hinaus sind von jedem SE vorhandene Verbindungen als Schnittstellen zu anderen SE zu beschreiben.

Bild 2.7 zeigt als Beispiel einen Strukturbaum „Prozess“.

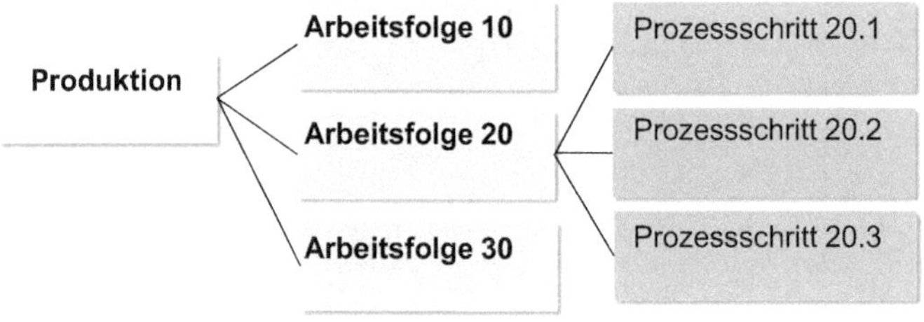

Bild 2.7 Strukturbaum Prozess

2.3 Schritt 3: Funktionsanalyse

WORUM GEHT ES?

Die Funktionsanalyse baut auf der Strukturanalyse auf (Tabelle 2.3).

Tabelle 2.3 Steckbrief - Schritt 3: Funktionsanalyse

▪ Umfang:	Funktionen
▪ Hilfsmittel:	DFMEA: Funktionsbaum/Funktionsnetz: Funktionsanalyse-Formblatt und Parameterdiagramm PFMEA: Funktionsbaum/Funktionsnetz, Prozessflussdiagramm
▪ Analyse:	Forderungen oder Merkmalen zu Funktionen zuordnen Externe und interne Kundenfunktionen zu den Forderungen
▪ Beteiligte:	Entwicklungsteams (Systeme, Sicherheit und Komponenten)
▪ Ergebnis:	Ausgangsbasis für die Fehleranalyse

Der Strukturbaum ermöglicht es, jedes Systemelement so differenziert wie nötig hinsichtlich seiner **Funktionen und Fehlfunktionen** im gesamten System zu analysieren.

Systemelemente haben unterschiedliche **Funktionen** oder **Aufgaben** im System. Dieser grundsätzliche Zusammenhang zwischen SE und seinen Funktionen ist von der Anordnung des einzelnen SE in der Systemstruktur unabhängig und gilt für jedes SE. Zur Erfüllung einzelner Funktionen eines SE sind in der Regel die Funktionsbeiträge anderer SE erforderlich.

Das Zusammenwirken der Funktionen mehrerer SE für eine Funktion wird als **Funktionsstruktur** bezeichnet. Funktionsstrukturen lassen sich übersichtlich durch Funktionsbäume darstellen. Für die Erstellung von Funktionsstrukturen für Funktionen eines SE müssen die beteiligten Funktionen betrachtet werden.

WIE GEHE ICH VOR?

Die vorhandene Systemanalyse, d. h. der Strukturbaum und die Funktionen, werden als Basis für die zu erstellende **Fehleranalyse und Risikoreduzierung** einer FMEA verwendet.

2.3.1 Design-FMEA

Parameterdiagramm (P-Diagramm) Design

Das vollständige P-Diagramm hilft bei der Bestimmung von:

- notwendigen Ebenen, Forderungen, Funktionen, Reaktionen und Signalen,
- Funktionen, die kein Input sind,
- Beeinträchtigungen durch Stör- und Steuergrößen,
- ungewünschten Ergebnissen.

Ein Parameterdiagramm stellt grafisch die Umgebung eines Produkts dar und zeigt auf, welche Faktoren die Umwandlung von Eingabe in Ergebnis beeinflussen. P-Diagramme sollten sich auf Schlüsselfunktionen beschränken und sind nicht für alle Funktionen notwendig.

Das P-Diagramm ist auf die Funktion fokussiert und identifiziert eindeutig sämtliche Einflüsse, inkl. der Stör- und Steuergrößen (Bild 2.8).

Störgrößen Störgröße 1	Störgröße 2	Störgröße 3	Störgröße 4	Störgröße 5
Teil-zu-Teil-Varianz	Verschleiß über Zeit	Kundengebrauch	Umwelteinfluss	System-Interaktion
Eingangssignal	Eingabe	System	Ergebnis Ungewünschtes Ergebnis	Gewünschtes Ergebnis
Funktion Fehlfunktion	Forderung an Funktion	Kontrollfaktoren	Nicht-Funktionale Forderung an Funktion	Ungewünschtes Ergebnis

Bild 2.8 Parameterdiagramm (P-Diagramm) Design

Bild 2.9 zeigt eine Funktionsstruktur „Design“.

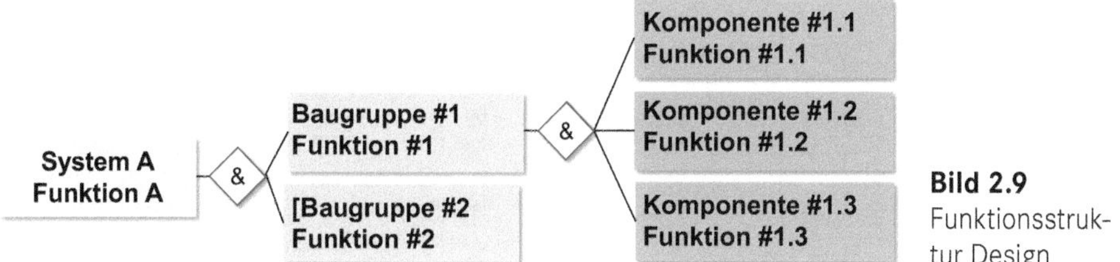

Bild 2.9 Funktionsstruktur Design

2.3.2 Prozess-FMEA

Parameterdiagramm (P-Diagramm) Prozess

Das vollständige P-Diagramm hilft bei der Bestimmung von:

- notwendigen Ebenen, Forderungen, Prozessabläufen, Prozessschritten, Merkmalen und Reaktionen,
- Prozessfunktionen, die kein Input sind,
- Beeinträchtigungen durch Stör- und Steuergrößen,
- ungewünschten Ergebnissen.

Ein Parameterdiagramm stellt grafisch die Umgebung eines Prozesses dar und zeigt auf, welche Faktoren die Umwandlung von Eingabe in Ergebnis beeinflussen. P-Diagramme sollten sich auf Schlüsselfunktionen beschränken und sind nicht für alle Funktionen notwendig.

Das P-Diagramm ist auf die Funktion fokussiert und identifiziert eindeutig sämtliche Einflüsse, inkl. der Stör- und Steuergrößen (Bild 2.10).

Prozessablauf	Prozess-Störgrößen (4M)				Kernprozess (Prozessparameter)
	Einrichter	Station	Material	Mitwelt	
Eingabe	Prozess: Eingabe → Ergebnis → Ungewünschtes Ergebnis				Beabsichtigtes Ergebnis
Prozessfunktion & Produktmerkmal/ -anforderungen	Forderungen ans Produkt	Produktmerkmale	Prozessforderung		Ungewünschtes Ergebnis

Bild 2.10 Parameterdiagramm (P-Diagramm) Prozess

Bild 2.11 zeigt eine Funktionsstruktur „Prozess“.

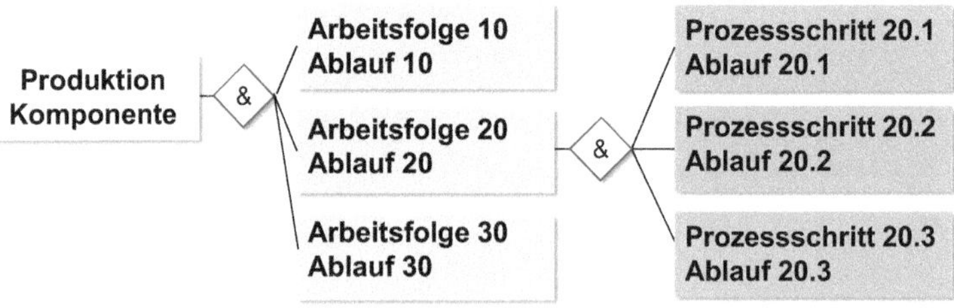

Bild 2.11 Funktionsstruktur Prozess

2.4 Schritt 4: Fehleranalyse

WORUM GEHT ES?

Die Fehleranalyse baut auf der Funktionsanalyse auf (Tabelle 2.4).

Tabelle 2.4 Steckbrief - Schritt 4: Fehleranalyse

▪ Umfang:	Fehlerfolgenkette
▪ Hilfsmittel:	DFMEA: Mögliche Fehlerfolgen, Fehlerarten und Fehlerursachen für jede Produktfunktion PFMEA: Mögliche Fehlerfolgen, Fehlerarten und Fehlerursachen für jede Prozessfunktion
▪ Analyse:	DFMEA: P-Diagramm oder Fehlernetz der Produktfehlerursachen PFMEA: Ursachen-Wirkungs-Diagramm (4M) oder Fehlernetz der Prozessfehlerursachen
▪ Beteiligte:	Kunde und Lieferant (Fehlerfolgen)
▪ Ergebnis:	Ausgangsbasis für die Fehlerdokumentation im FMEA-Formblatt und für die Risikoanalyse

WAS BRINGT ES?

Für jedes betrachtete System bzw. Untersystem und deren SE kann eine Fehleranalyse durchgeführt werden.

- Die möglichen Fehlerfolgen (FF) sind die Fehlfunktionen von übergeordneten Systemelementen.
- Die möglichen Fehlerarten (FA) dieses SE sind die aus seinen definierten Funktionen abgeleiteten und beschriebenen Fehlfunktionen nach dem zweiten Schritt, der Funktionsanalyse. Ein erster, meist unvollständiger Ansatz besteht in der Nichterfüllung oder Einschränkung der beschriebenen Funktionen.
- Die möglichen Fehlerursachen (FU) sind die denkbaren Fehlfunktionen der untergeordneten SE der Systemstruktur.

Für die Fehleranalyse der FMEA werden aufbauend auf den analysierten Funktionen und Funktionsstrukturen die Fehlfunktionen und Fehlfunktionsstrukturen erstellt. Die Tiefe der Fehleranalyse wird damit von der Systemstruktur abgeleitet.

WIE GEHE ICH VOR?

2.4.1 Design-FMEA

Zur Erläuterung ist für die Systemanalyse exemplarisch die Systemstruktur Design mit der Funktions- und der Fehleranalyse dargestellt (Bild 2.12).

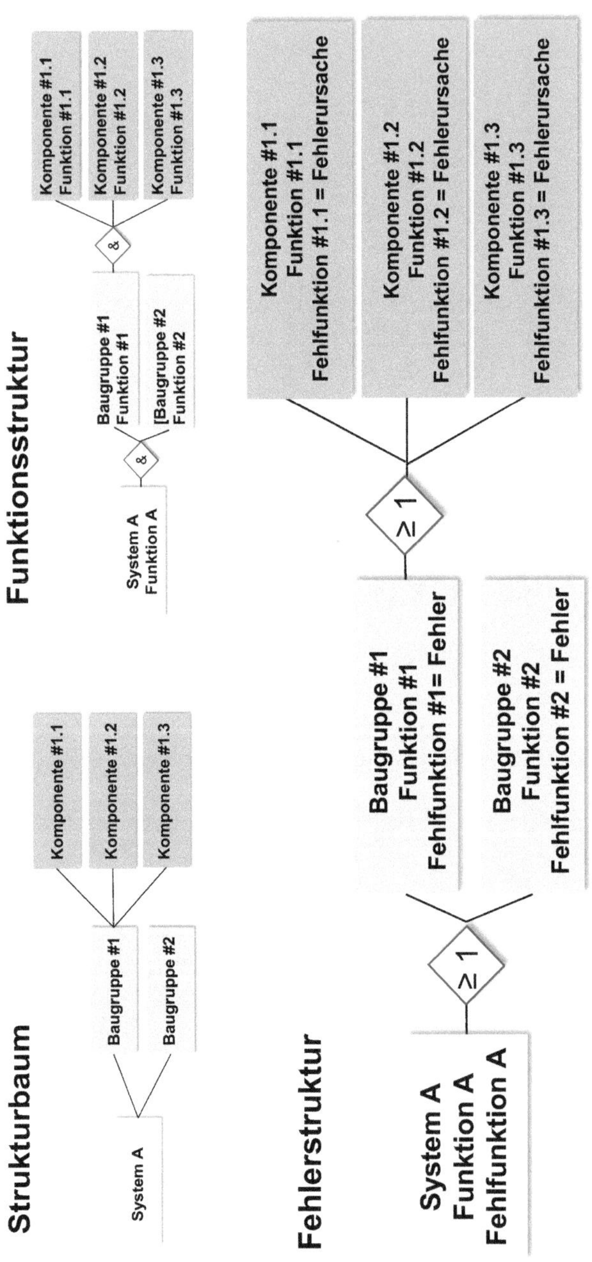

Bild 2.12 Strukturbaum Design mit Funktions- und Fehlerstruktur

2.4.2 Prozess-FMEA

Systemstruktur Prozess ist exemplarisch für die Systemanalyse mit der Funktions- und der Fehleranalyse dargestellt (Bild 2.13).

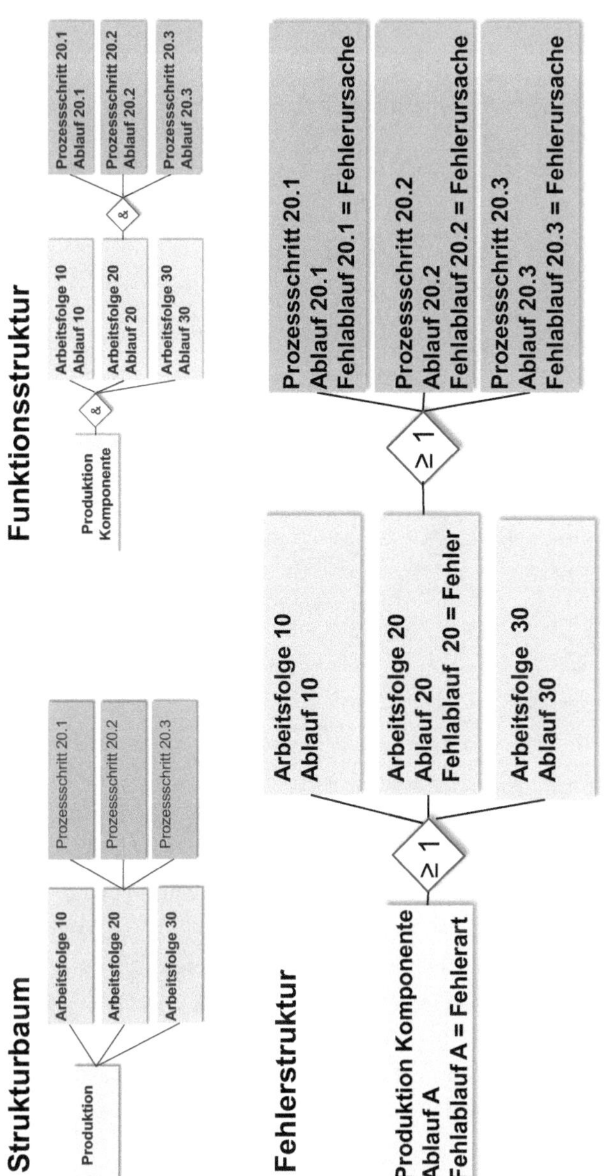

Bild 2.13 Strukturbaum Prozess mit Funktions- und Fehlerstruktur

2.5 Schritt 5: Risikoanalyse

WORUM GEHT ES?

Die Fehleranalyse baut auf der Funktionsanalyse auf Seite (Tabelle 2.5).

Tabelle 2.5 Steckbrief - Schritt 5: Risikoanalyse

Umfang:	Vorhandene und geplante Maßnahmen
Hilfsmittel:	DFMEA & PFMEA: Vorhandene und geplante Vermeidungsmaßnahmen zu den Fehlerursachen Vorhandene und geplante Entdeckungsmaßnahmen zu den Fehlerursachen und Fehlerarten
Analyse	DFMEA & PFMEA: Bedeutung, Auftreten und Entdeckung für jede Fehlerfolgenkette Aufgabenpriorität
Beteiligte:	Kunde und Lieferant (Bedeutung)
Ergebnis:	Ausgangsbasis für die Optimierung

Für die Risikobewertung werden die Bewertungszahlen B, A und E verwendet:

- **B** für die Bedeutung der Fehlerfolge,
- **A** für das Auftreten der Fehlerursache und
- **E** für die Entdeckung der aufgetretenen Fehlerursache.

WAS BRINGT ES?

Bedeutung (B)

Die Bewertungszahl B wird für die Bedeutung der Fehlerfolgen für das Gesamtsystem und damit für den externen bzw. internen Kunden festgelegt. Betrachtet wird die Auswirkung auf den Kunden (interner und externer Kunde, „worst case“).

Die Bewertungszahl B muss für alle Fehlerursachen, die zu der gleichen Fehlerfolge führen, übernommen werden. **B = 10** wird z. B. vergeben, wenn sicherheitsrelevante oder gesetzliche und behördliche Vorgaben verletzt werden. **B = 1** wird vergeben, wenn die Fehlerfolge keine Bedeutung für den Kunden hat (Bild 2.14 und Bild 2.18).

- In die Bewertungstabellen können unternehmens- oder produktspezifische Beispiele eingetragen werden.
- Eigene Bewertungstabellen können erstellt und verwendet werden, z. B. für Produkte, Prozesse oder Technologien.
- Darüber hinaus kann eine andere Bewertungszahl B für die Bedeutung aus der Sicht interner Kunden, z. B. Abnehmer in der Lieferantenkette, festgelegt werden.

Anfangsstand

- Für die betrachteten Fehlerursachen werden die Vermeidungs- und Entdeckungsmaßnahmen beschrieben, die zum Untersuchungszeitpunkt bereits durchgeführt sind oder gerade durchgeführt werden.
- Geplante Vermeidungs- und Entdeckungsmaßnahmen, die für die betrachteten Fehlerursachen zu einem späteren Zeitpunkt als zu diesem Untersuchungszeitpunkt einsetzen, werden als Optimierungsmaßnahme in den Änderungsstand eingetragen.

Vermeidungsmaßnahmen (VM)

Vermeidungsmaßnahmen verhindern bzw. minimieren das Auftreten der Fehlerursache. Sie sind der Gradmesser für die Robustheit der Konstruktion bzw. des Prozesses.

Entsprechend der Wirksamkeit von ausgeführten Vermeidungsmaßnahmen für die betrachteten Fehlerursachen wird eine Bewertung für das Auftreten (A) vergeben. Je weiter die Fehleranalyse der FMEA bei den Ursachen differenziert, umso differenzierter können auch die Bewertungen A erstellt werden.

Bei der A-Bewertung wird auf die aus der Erfahrung mit dem System vorliegenden Bewertungen zurückgegriffen, z. B. Zuverlässigkeitsraten im Kundeneinsatz. Werden bekannte Teilsysteme in ein anderes System integriert, so sind die Schnittstellen zu betrachten.

Bei innovativen Systemumfängen sollte auf die differenzierten Analysen der Design-FMEA auf der Merkmalsebene der Komponenten nicht verzichtet werden.

Auftreten (A)

Das Auftreten bewertet, wie häufig die Fehlerursache auftritt, und berücksichtigt alle wirksamen Vermeidungsmaßnahmen.

Anhand einer von 10 bis 1 reichenden Skala wird die Bewertung des Auftretens einer Fehlerursache unter Berücksichtigung aller durchgeführten Vermeidungsmaßnahmen erstellt (Bild 2.15 und Bild 2.19).

Die Bewertung **A = 10** wird vergeben, wenn es nahezu sicher ist, dass eine Fehlerursache auftritt. **A = 1** wird vergeben, wenn es unwahrscheinlich ist, dass eine Fehlerursache auftritt.

Entdeckungsmaßnahmen (EM)

Entdeckungsmaßnahmen entdecken Fehlerursachen, die trotz aller Vermeidungsmaßnahmen auftreten. Falls die Fehlerursache nicht entdeckt werden kann, soll die Fehlerart erkannt werden.

Entsprechend der Wirksamkeit von ausgeführten Entdeckungsmaßnahmen für die betrachteten Fehlerursachen werden Bewertungen für die Entdeckung (E) vergeben. Je weiter die Fehleranalyse der FMEA bei den Ursachen differenziert, umso differenzierter können auch die Bewertungen für E erstellt werden.

Bei der E-Bewertung wird auf die aus der Erfahrung mit dem System vorliegenden Bewertungen zurückgegriffen, z. B. Rückmeldungen aus dem Kundeneinsatz. Werden bekannte Teilsysteme in ein anderes System integriert, so sind die Schnittstellen zu betrachten.

Entdeckung (E)

Die Entdeckung bewertet die Entdeckung der Fehlerursache entwicklungs- bzw. prozessbegleitend.

Lässt sich die Fehlerursache nicht bewerten, so kann die Entdeckung der Fehlerart bzw. der Fehlerfolge bewertet werden.

Die Entdeckung ist abhängig vom Zeitpunkt der Entdeckung.

Wie bei der Bewertung des Auftretens wird auch bei der Bewertung der Entdeckung einer aufgetretenen Fehlerursache eine Skala von 10 bis 1 zugrunde gelegt (Bild 2.16 und Bild 2.20).

Die Bewertung wird unter Berücksichtigung aller durchgeführten Entdeckungsmaßnahmen vorgenommen, die geeignet sind, die Fehlerursache vor Auslieferung an den Kunden zu entdecken. Unter dem Kunden wird hier nicht nur der Endverbraucher, der externe Kunde, sondern auch der Nächste im Ablauf, der interne Kunde, verstanden. Entdeckungsmaßnahmen können auch über die Erkennung von Fehlerart und von Fehlerfolgen zur Entdeckung der Fehlerursachen führen und damit zu **einer** gemeinsamen E-Bewertung für alle zugehörigen Fehlerursachen. Sinnvoll ist die frühestmögliche Entdeckung in der Ursache-Wirkungs-Kette.

Die Bewertung **E = 10** wird vergeben, wenn keine Entdeckungsmaßnahmen, z.B. Erprobungsmaßnahmen oder Prüfmaßnahmen, benannt werden. Die Bewertungszahl **E = 1** wird vergeben, wenn eine betrachtete Fehlerursache während der Entwicklung durch die Summe aller Erprobungsmaßnahmen sicher festgestellt wird oder wenn in der Produktionsphase ein Fertigungsfehler zwangsläufig vor der Weitergabe an den Nächsten im Ablauf, interner bzw. externer Kunde, gefunden wird.

Die Aussage des Produkts B × A ist, dass eine Fehlerfolge trotz wirksamer Vermeidungsmaßnahmen mit einer bestimmten Häufigkeit auftritt.

Die Aussage der Entdeckung E ist, dass nur ein Teil der aufgetretenen Fehler entdeckt werden kann.

Die Aussage des Produkts A × E ist, dass mit einem Restrisiko nicht entdeckte fehlerhafte Teile zum Kunden gelangen.

Aufgabenpriorität (AP)

Die Einzelbewertungen B, A und E und die daraus ermittelte AP verdeutlichen Systemrisiken. Bei hoher Aufgabenpriorität wird eine Optimierung erforderlich (Bild 2.22).

WIE GEHE ICH VOR?

2.5.1 Design-FMEA

Die Bewertungstabellen Design-FMEA aus dem „AIAG & VDA FMEA-Handbuch" unterteilen die Bedeutung in

- Auswirkung
- Kriterien der Bedeutung B

Die Tabelle wird um die „Interpretation der neuen AIAG-VDA-Bewertungstabellen" erweitert.

Das Fraunhofer-Institut für Produktionstechnik und Automatisierung IPA interpretiert die Bedeutung B der DFMEA in:

- Sicherheit
- Gesetze
- Hauptfunktion
- Komfortfunktion
- Erscheinungsbild, Klang, Vibration, Rauheit oder Haptik
- Keine Auswirkung

Tabelle D1 - DFMEA Bedeutung (B)

Bewertung der Bedeutung (B) – Design-FMEA
Bewertung der möglichen Fehlerfolgen nach den untenstehenden Kriterien

B	Aus-wirkung	Kriterien der Bedeutung (B)	Interpretation
10	Sehr hoch	Auswirkung auf den sicheren Betrieb des Fahrzeugs und/oder anderer Fahrzeuge, die Gesundheit des Fahrers oder der Beifahrer oder anderer Verkehrsteilnehmer	Sicherheit
9		Nichteinhaltung von gesetzlichen oder behördlichen Vorgaben	Gesetze
8	Hoch	Verlust einer für den normalen Fahrzeugbetrieb über die vorgesehene Lebensdauer notwendigen Hauptfunktion	Hauptfunktion
7		Einschränkung einer für den normalen Fahrzeugbetrieb über die vorgesehene Lebensdauer notwendigen Hauptfunktion	
6	Mittel	Verlust einer Komfortfunktion	Komfortfunktion
5		Einschränkung einer Komfortfunktion	
4		Deutlich wahrnehmbare Qualitätsbeeinträchtigung von Erscheinungsbild, Klang, Vibrationen, Rauheit oder Haptik	
3	Niedrig	Mäßig wahrnehmbare Qualitätsbeeinträchtigung von Erscheinungsbild, Klang, Vibrationen, Rauheit oder Haptik	Erscheinungsbild, Klang, Vibration, Rauheit oder Haptik
2		Geringfügig wahrnehmbare Qualitätsbeeinträchtigung von Erscheinungsbild, Klang, Vibrationen, Rauheit oder Haptik	
1	Keine	Keine wahrnehmbare Auswirkung	Keine Auswirkung

Quelle: AIAG & VDA FMEA-Handbuch   Quelle: FhG IPA Stuttgart

Bild 2.14 Tabelle D1 – Bedeutung (B) DFMEA

Das Auftreten in der Design-FMEA wird um die alternative Tabelle aus dem Anhang des „AIAG & VDA FMEA-Handbuchs“ erweitert:

Alternative Bewertungstabellen Auftreten DFMEA

- Vorkommnisse pro 1000 Fälle/Fahrzeug
- Zeitliche Prognose

Tabelle D2 - DFMEA Auftreten (A)

Bewertung des Auftretens (A) – Design-FMEA
Bewertung der potenziellen Fehlerursachen nach den untenstehenden Kriterien. Berücksichtigung der Produkterfahrung und Vermeidungsmaßnahmen beim Auftreten (qualitative Bewertung). Das angenommene Auftreten der Fehlerursache wird während der beabsichtigten Fahrzeuglebensdauer bewertet.

A	Auftreten	Kriterien des Auftretens (A)	Alternative Tabelle Auftreten		Interpretation: 1. Initialeinstufung			2. Konstruktive Maßnahmen		3. Verifizierung
			Vorkommnisse pro 1.000 Fälle/Fahrzeug	Zeitliche Prognose	Neuigkeitsgrad	Einsatzer-fahrung	Betriebs-bedingungen	Richtlinien / Normen	Wirksamkeit Vermeidung	
10	Extrem hoch	Erstmalige Anwendung einer neuen Technologie ohne vorherige Einsatzerfahrung und/oder unter unkontrollierten Betriebsbedingungen. Keine Erfahrung für Produktverifizierung und/oder -validierung. Normen liegen nicht vor und bewährte Verfahren sind noch nicht festgelegt. Vermeidungsmaßnahmen können Leistung im Einsatz nicht voraussagen oder liegen nicht vor.	> 100 pro Tausend ≥ 1 in 10	Immer	Erstmalige Anwendung einer neuen Technologie ohne vorherige Einsatzerfahrung	**Technologie / Konstruktion ohne vorherige Einsatz-erfahrung**	Erstmalige Anwendung unter unkontrollierten Betriebsbedingungen.	Normen liegen nicht vor und bewährte Verfahren sind noch nicht festgelegt.	Vermeidungs-maßnahmen können Leistung im Einsatz nicht voraussagen oder liegen nicht vor.	**Keine Erfahrung für Produktverifizierung und/oder -validierung.**
9	Sehr hoch	Erstmalige Anwendung einer Konstruktion mit technischen Neuerungen oder von Materialien **innerhalb eines Unternehmens**. Neue Anwendung oder geänderter Betriebszyklus/geänderte Betriebsbedingungen. Keine Erfahrung für Produktverifizierung und/oder -validierung. Keine gezielten Vermeidungsmaßnahmen für die Identifizierung der Leistung unter bestimmten Anforderungen.	50 pro Tausend 1 in 20	Fast immer	Erstmalige Anwendung einer Konstruktion mit technischen Neuerungen oder von Materialien innerhalb eines Unternehmens.		Neue Anwendung oder geänderter Betriebszyklus/ geänderte Betriebs-bedingungen.		Keine gezielten Vermeidungs-maßnahmen für die Identifizierung der Leistung unter bestimmten Anforderungen.	
8		Erstmalige Verwendung einer Konstruktion mit technischen Neuerungen oder von Materialien **in einer neuen Anwendung**. Neue Anwendung oder geänderter Betriebszyklus/geänderte Betriebsbedingungen. Keine Erfahrung für Produktverifizierung und/oder-validierung. Einige Normen und bewährte Verfahren liegen vor, die nicht direkt für die Konstruktion gelten. Vermeidungsmaßnahmen sind kein verlässlicher Indikator für die Betriebsleistung.	20 pro Tausend 1 in 50	Mehr als einmal pro Schicht	Erstmalige Verwendung einer Konstruktion mit technischen Neuerungen oder von Materialien in einer neuen Anwendung.		Neue Anwendung oder geänderter Betriebszyklus/ geänderte Betriebs-bedingungen.	Einige Normen und bewährte Verfahren liegen vor, die nicht direkt für die Konstruktion gelten.	Vermeidungs-maßnahmen sind kein verlässlicher Indikator für die Betriebsleistung.	
7	Hoch	Neue Konstruktion basierend auf ähnlicher Technologie und ähnlichen Materialien. Neue Anwendung oder geänderter Betriebszyklus/geänderte Betriebsbedingungen. Keine Erfahrung für Produktverifizierung und/oder -validierung. Normen, bewährte Verfahren und Konstruktionsregeln gelten für die zugrundeliegende Konstruktion, aber nicht für die Neuerungen. Vermeidungsmaßnahmen geben begrenzt Auskunft über die Leistung.	10 pro Tausend 1 in 100	Mehr als einmal pro Tag	Neue Konstruktion basierend auf ähnlicher Technologie und ähnlichen Materialien.		Neue Anwendung oder geänderter Betriebszyklus/geänderte Betriebsbedingungen.	Normen, bewährte Verfahren und Konstruktionsregeln gelten für die zugrundeliegende Konstruktion, aber nicht für die Neuerungen.	Vermeidungs-maßnahmen geben begrenzt Auskunft über die Leistung.	
6		Ähnliche Konstruktion wie vorheriges unter Verwendung vorhandener Technologien und Materialien. Ähnliche Anwendung mit geändertem Betriebszyklus oder geänderten Betriebsbedingungen. Prüfungs- oder Einsatzerfahrung vorhanden. Normen und Konstruktionsregeln liegen vor, sind jedoch unzureichend für die Vermeidung des Auftretens der Fehlerursache. Vermeidungsmaßnahmen sind begrenzt fähig, eine Fehlerursache zu vermeiden.	2 pro Tausend 1 in 500	Mehr al einmal pro Woche	Ähnliche Konstruktion wie vorheriges unter Verwendung vorhandener Technologien und Materialien.	Einsatzerfahrung vorhanden	Ähnliche Anwendung mit geändertem Betriebszyklus oder geänderten Betriebsbedingungen.	Normen und Konstruktionsregeln liegen vor, sind jedoch unzureichend für die Vermeidung des Auftretens der Fehlerursache.	Vermeidungs-maßnahmen sind begrenzt fähig, eine Fehlerursache zu vermeiden.	Prüfungserfahrung vorhanden.

Bild 2.15 Tabelle D2 – Auftreten (A) DFMEA

5	Mittel	Geringfügige Änderungen an vorheriger Konstruktion unter Verwendung bewährter Technologien und Materialien. Ähnliche Anwendung, Betriebszyklus oder Betriebsbedingungen. Prüfungs- oder Einsatzerfahrung vorhanden oder neue Konstruktion mit einiger Prüfungserfahrung in Bezug auf den Fehler. Die Konstruktion berücksichtigt Erfahrungen mit vorherigen Entwicklungen. Bewährte Verfahren neu bewertet, diese wurden jedoch noch nicht nachgewiesen. Vermeidungsmaßnahmen können Mängel im Produkt in Bezug auf die Fehlerursache aufdecken und begrenzt Hinweise auf die Leistung geben.	0,5 pro Tausend 1 in 2.000	Mehr als einmal pro Monat	Geringfügige Änderungen an vorheriger Konstruktion unter Verwendung bewährter Technologien und Materialien.	Einsatzerfahrung vorhanden	Ähnliche Anwendung, Betriebszyklus oder Betriebsbedingungen.	Bewährte Verfahren neu bewertet, diese wurden jedoch noch nicht nachgewiesen.	Vermeidungsmaßnahmen können Mängel im Produkt in Bezug auf die Fehlerursache aufdecken und begrenzt Hinweise auf die Leistung geben.	Prüfungserfahrung vorhanden.
4	Mittel	Fast identische Konstruktion mit kurzer Einsatzerfahrung. Ähnliche Anwendung mit geringfügigen Änderungen im Betriebszyklus oder den Betriebsbedingungen. Prüfungs- oder Einsatzerfahrung vorhanden. Vorgängerkonstruktion und Anpassungen der neuen Konstruktion an bewährte Verfahren, Normen und Vorgaben. Vermeidungsmaß- nahmen können Mängel im Produkt in Bezug auf die Fehlerursache aufdecken und wahrscheinlich die Konstruktionskonformität aufzeigen.	0,1 pro Tausend 1 in 10.000	Mehr als einmal pro Jahr	Fast identische Konstruktion mit kurzer Einsatzerfahrung.	Kurze Einsatzerfahrung vorhanden	Ähnliche Anwendung mit geringfügigen Änderungen im Betriebszyklus oder den Betriebsbedingungen.	Vorgängerkonstruktion und Anpassungen der neuen Konstruktion an bewährte Verfahren, Normen und Vorgaben.	Vermeidungsmaßnahmen können Mängel im Produkt in Bezug auf die Fehlerursache aufdecken und wahrscheinlich die Konstruktionskonformität aufzeigen.	Prüfungserfahrung vorhanden. Neue Konstruktion mit einiger Prüfungserfahrung in Bezug auf den Fehler.
3	Niedrig	Geringfügige Änderungen an bekannter Konstruktion (gleiche Anwendung mit geringfügigen Änderungen am Betriebszyklus oder den Betriebsbedingungen) und Prüfungs- oder Einsatzerfahrung unter vergleichbaren Betriebsbedingungen oder neue Konstruktion mit erfolgreich absolviertem Testverfahren. Konstruktion soll Normen und bewährten Verfahren unter Berücksichtigung der Erfahrungen aus Vorgängerkonstruktion entsprechen. Vermeidungsmaßnahmen können Mängel im Produkt in Bezug auf die Fehlerursache aufdecken und die Konstruktionskonformität voraussagen.	0,01 pro Tausend 1 in 100.000	Einmal pro Jahr	Geringfügige Änderungen an bekannter Konstruktion.	Einsatzerfahrung unter vergleichbaren Betriebsbedingungen vorhanden	Gleiche Anwendung mit geringfügigen Änderungen am Betriebszyklus oder den Betriebsbedingungen	Konstruktion soll Normen und bewährten Verfahren unter Berücksichtigung der Erfahrungen aus Vorgängerkonstruktion entsprechen.	Vermeidungsmaßnahmen können Mängel im Produkt in Bezug auf die Fehlerursache aufdecken und die Konstruktionskonformität **voraussagen.**	Neue Konstruktion mit erfolgreich absolviertem Testverfahren. Prüfungserfahrung unter vergleichbaren Betriebsbedingungen vorhanden.
2	Sehr niedrig	Fast identische ausgereifte Konstruktion mit langer Einsatzerfahrung. Gleiche Anwendung mit vergleichbarem Betriebszyklus und vergleichbaren Betriebsbedingungen. Prüfungs- oder Einsatzerfahrung unter vergleichbaren Betriebsbedingungen. Konstruktion soll nachweislich Normen und bewährten Verfahren unter Berücksichtigung der Erfahrungen aus Vorgängerkonstruktion entsprechen. Vermeidungsmaßnahmen können Mängel im Produkt in Bezug auf die Fehlerursache aufdecken und Verlässlichkeit der Konstruktionskonformität aufzeigen.	< 0,001 pro Tausend 1 in 1.000.000	Weniger als einmal pro Jahr	Fast identische ausgereifte Konstruktion mit langer Einsatzerfahrung.	Lange Einsatzerfahrung unter vergleichbaren Betriebsbedingungen vorhanden	Gleiche Anwendung mit vergleichbarem Betriebszyklus und vergleichbaren Betriebsbedingungen.	Konstruktion soll nachweislich Normen und bewährten Verfahren unter Berücksichtigung der Erfahrungen aus Vorgängerkonstruktion entsprechen.	Vermeidungsmaßnahmen können Mängel im Produkt in Bezug auf die Fehlerursache aufdecken und Verlässlichkeit der Konstruktionskonformität **aufzeigen.**	Prüfungserfahrung unter vergleichbaren Betriebsbedingungen vorhanden.
1	Ausgeschlossen	**Fehler wird durch Vermeidungsmaßnahmen eliminiert und Fehlerursache ist durch die Konstruktion ausgeschlossen.**								

Produkterfahrung:
Erfahrungen aus dem Produkteinsatz im Unternehmen (Neuheit der Konstruktion, der Anwendung oder des Anwendungsfalls). Ergebnisse der abgeschlossenen Vermeidungsmaßnahmen liefern Erfahrungswerte für die Konstruktion.

Vermeidungsmaßnahmen:
Bewährte Verfahren für die Produktauslegung, Konstruktionsregeln, Unternehmensnormen, Erfahrungswerte, Branchennormen, Materialspezifikationen, gesetzliche und behördliche Vorgaben und wirksame vermeidungsorientierte Analysetools, einschließlich Computer Aided Engineering, mathematisches Modellieren, Simulationsstudi- en, Toleranzstudien und Design-Sicherheitsfaktoren.

Hinweis: Das Auftreten A kann auf Grundlage der Produktvalidierung reduziert werden.

Quelle: AIAG & VDA FMEA-Handbuch Quelle: analog FhG IPA Stuttgart

Bild 2.15 Tabelle D2 – Auftreten (A) DFMEA *(Fortsetzung)*

Das Fraunhofer-Institut für Produktionstechnik und Automatisierung IPA interpretiert das Auftreten A der DFMEA in:

1. Initialeinstufung
   - Neuigkeitsgrad
   - Einsatzerfahrung
   - Betriebsbedingungen
2. Konstruktive Maßnahmen
   - Richtlinien/Normen
   - Wirksamkeit Vermeidung
3. Verifizierung

Die „AIAG & VDA FMEA-Handbuchs" bewertet die Entdeckung E nach

- Entdeckungsfähigkeit
- Reifegrad der Entdeckungsmethode
- Entdeckungsmöglichkeit

Das Fraunhofer-Institut für Produktionstechnik und Automatisierung IPA interpretiert die Entdeckung E der DFMEA in:

- Reifegrad der Entdeckung

  Kein Testverfahren vorhanden

  Testmethode nicht für Fehlerart oder Fehlerursache entwickelt

  Neue oder nicht bewährte Testmethode

  Bewährte Testmethode für die Verifizierung der Funktionalität oder Validierung der Leistung, Qualität, Zuverlässigkeit und Haltbarkeit.

  Vorherige Prüfungen bestätigen, dass die Fehlerart oder Fehlerursache nicht auftreten kann, oder Entdeckungsmethoden entdecken nachweislich immer die Fehlerart oder Fehlerursache.
- Reaktionsmöglichkeit

  Testmethode ohne ausreichende Reaktionsmöglichkeit: Geplanter Einsatz später im Produktentwicklungszyklus, sodass negative Tests zu Produktionsverzögerungen aufgrund von Konstruktions- oder Werkzeugrevisionen führen können.

  Testmethode mit ausreichender Reaktionsmöglichkeit: Geplanter Einsatz ist ausreichend für Anpassung der Produktionswerkzeuge für Freigabe für die Produktion.

  Vorherige Prüfungen bestätigen, dass die Fehlerart oder Fehlerursache nicht auftreten kann, oder Entdeckungsmethoden entdecken nachweislich immer die Fehlerart oder Fehlerursache.

Tabelle D3 - DFMEA Entdeckung (E)

Bewertung der Entdeckung (E) – Prozess-FMEA
Bewertung der Entdeckungsmaßnahmen bezüglich des Reifegrades der Entdeckungsmethode und der Entdeckungsmöglichkeit

E	Entdeckungs-fähigkeit	Reifegrad der Entdeckungsmethode	Entdeckungs-möglichkeit	Interpretation	
				Reifegrad der Entdeckung	Reaktionsmöglichkeit
10	Sehr niedrig	Testverfahren ist noch nicht entwickelt worden	Keine Testmethode definiert	Kein Testverfahren vorhanden	
9		Testmethode nicht speziell für die Entdeckung der Fehlerart oder Fehlerursache entwickelt	OK-NOK, Test-to-Fail, Degradationstest	Testmethode nicht für Fehlerart oder Fehlerursache entwickelt	
8	Niedrig	Neue Testmethode, nicht bewährt	OK-NOK, Test-to-Fail, Degradationstest	Neue oder nicht bewährte Testmethode	
7		Neue Testmethode, nicht bewährt. Die Planungszeit ist ausreichend, um die Produktionswerkzeuge vor der Produktfreigabe zu modifizieren.	OK-NOK-Test	Bewährte Testmethode für die Verifizierung der Funktionalität oder Validierung der Leistung, Qualität, Zuverlässigkeit und Haltbarkeit.	Testmethode ohne ausreichende Reaktionsmöglichkeit: Geplanter Einsatz später im Produktentwicklungs-zyklus, so dass negative Tests zu Produktionsverzögerungen aufgrund von Konstruktions- oder Werkzeug-Revisionen führen können.
6	Mittel	Bewährte Testmethode für die Verifizierung der Funktionalität oder Validierung der Leistung, Qualität, Zuverlässigkeit und Haltbarkeit; geplanter Einsatz später im Produktentwicklungszyklus, so dass negative Tests zu Produktionsverzögerungen aufgrund von Konstruktions- oder Werkzeug-Revisionen führen können.	Test-to-Failure		
5			Degradationstest		
4	Hoch	Bewährte Testmethode für die Verifizierung der Funktionalität oder Validierung der Leistung, Qualität, Zuverlässigkeit und Haltbarkeit; geplanter Einsatz ist ausreichend für Anpassung der Produktionswerkzeuge für Freigabe für die Produktion.	OK-NOK-Test	Bewährte Testmethode für die Verifizierung der Funktionalität oder Validierung der Leistung, Qualität, Zuverlässigkeit und Haltbarkeit.	Testmethode mit ausreichende Reaktionsmöglichkeit: Geplanter Einsatz ist ausreichend für Anpassung der Produktionswerkzeuge für Freigabe für die Produktion.
3			Test-to-Failure		
2			Degradationstest		
1	Sehr hoch	Vorherige Prüfungen bestätigen, dass die Fehlerart oder Fehlerursache nicht auftreten kann oder Entdeckungsmethoden entdecken **nachweislich** immer die Fehlerart oder Fehlerursache.			

Quelle: AIAG & VDA FMEA-Handbuch Quelle: analog FhG IPA Stuttgart

Bild 2.16 Tabelle D3 – Entdeckung (E) DFMEA

Das Formblatt DFMEA (Vorlage) wird in der Ansicht A dargestellt (Bild 2.17).

Das FMEA-Handbuch zeigt drei DFMEA-Vorlagen:

- Formblatt A: Standard DFMEA Formblatt

  Unterstützung der 7 Schritte

- Formblatt B: Alternatives DFMEA-Formblatt

  Ebene Funktion und Forderung in einer einzelnen Spalte und nicht in allen Spalten

- Ansicht A: DFMEA-Softwareansicht.

Design-FMEA Fehler-Möglichkeits- und Einfluss-Analyse

1.Schritt: PLANUNG UND VORBEREITUNG		
Unternehmen:	DFMEA-Projekt:	Seite von
Entwicklungsstandort:	DFMEA-Startdatum:	DFMEA-ID:
Kunde:	DFMEA-Revisionsdatum:	Design-Verantwortung:
Modeljahr(e)/Programm(e):	Interdisziplinäres Team:	Vertraulichkeitsstufe:

2. Schritt: STRUKTURANALYSE		
1. System	2. Baugruppe	3. Komponente

3. Schritt: FUNKTIONSANALYSE		
1. Funktion und Anforderung	2. Funktion und Anforderung	3. Funktion und Anforderung/Merkmal

4. Schritt: FEHLERANALYSE			
1. Fehlerfolgen (FF)	Bedeutung (B) der FF	2. Fehlerart (FA)	3. Fehlerursache (FU)

5.Schritt: RISIKOANALYSE											
Vermeidungs- maßnahmen (VM) für FU	Auftreten (A) der FU	Entdeckungsmaßnahmen (EM) für FU oder FA	Entdeckung (E) für FU/FA	DFMEA AP	Filtercode (optional)	Name des Verantwortlichen	Geplantes Fertigstellungsdatum	Status	Ergriffene Maßnahmen mit Nachweis	Fertigstellungsdatum	Bemerkungen
Anfangsstand:											
6.Schritt: OPTIMIERUNG											
Änderungsstand:											

Bild 2.17 Formblatt DFMEA (Vorlage Ansicht A)

2.5.2 Prozess-FMEA

Die Bewertungstabellen Prozess-FMEA aus dem „AIAG & VDA FMEA-Handbuch" unterteilen die Bedeutung in

- Auswirkung auf das eigene Werk
- Auswirkung auf das belieferte Werk (falls bekannt)
- Auswirkung auf den Endnutzer (falls bekannt)

  Die Bedeutung Auswirkung auf den Endnutzer ist identisch mit der Bedeutung der DFMEA.

Die Tabelle wird um die „Interpretation der neuen AIAG-VDA-Bewertungstabellen" erweitert.

Das Fraunhofer-Institut für Produktionstechnik und Automatisierung IPA interpretiert die drei Auswirkung der Bedeutung B der PFMEA in:

eigenes Werk	**beliefertes Werk (falls bekannt)**	**Endnutzer (falls bekannt)**
Sicherheit	Sicherheit	Sicherheit
Gesetze	Gesetze	Gesetze
Ausschuss	Anlagenabschaltung	Hauptfunktion
Sortierung	Sortierung	Nebenfunktion
Nacharbeit	Reaktionsplan	Haptik,
Geringe Auswirkung	Geringe Auswirkung	Akustik,
		Optik
Keine Auswirkung	Keine Auswirkung	Keine Auswirkung

Tabelle P1 - PFMEA Bedeutung (B)

Bewertung der Bedeutung (B) – Prozess-FMEA
Bewertung der potenziellen Fehlerfolgen nach den untenstehenden Kriterien

					Interpretation		
B	Auswirkung	Auswirkung auf eigenes Werk	Auswirkung auf beliefertes Werk (falls bekannt)	Auswirkung auf den Endnutzer (falls bekannt)	Auswirkung auf eigenes Werk	Auswirkung auf beliefertes Werk (falls bekannt)	Auswirkung auf den Endnutzer (falls bekannt)
10	Hoch	Fehler kann Gesundheits- und/ oder Sicherheitsrisiken für das Produktions- oder Montagepersonal zur Folge haben.	Fehler kann Gesundheits- und/ oder Sicherheits-risiken für das Produktions- oder Montagepersonal zur Folge haben.	Auswirkung auf den sicheren Betrieb des Fahrzeugs und/oder anderer Fahrzeuge, die Gesundheit des Fahrers oder Beifahrer, andere Verkehrsteilnehmer oder Fußgänger.	Sicherheit	Sicherheit	Sicherheit
9		Fehler kann zu betriebsinterner Nichteinhaltung der Vorgaben führen.	Fehler kann zu betriebsinterner Nichteinhaltung der Vorgaben führen.	Nichteinhaltung von gesetzlichen und behördlichen Vorgaben.	Gesetze	Gesetze	Gesetze
8	Mäßig hoch	100 % des betroffenen Produktionslaufs müssen möglicherweise entsorgt werden.	Anlagen-abschaltung länger als gesamte Produktions-schicht; möglicher Lieferungsstopp; Reparatur oder Austausch vor Ort erforderlich (Montage beim Endnutzer) außer bei Nichteinhaltung der Vorgaben.	Verlust einer für den normalen Fahrzeug-betrieb über die vorgesehene Lebens-dauer notwendigen Hauptfunktion.	Ausschuss	Anlagen-abschaltung	Hauptfunktion
7		Produkt könnte möglicherweise sortiert und ein Teil (unter 100 %) entsorgt werden; Abweichung vom Primärprozess, geringere Produktions-geschwindigkeit oder zusätzliches Personal.	Anlagen-abschaltung von 1 Stunde bis zu gesamter Produktions-schicht; möglicher Lieferungsstopp; Reparatur oder Austausch vor Ort erforderlich (Montage beim Endnutzer) außer bei Nichteinhaltung der Vorgaben.	Einschränkung einer für den normalen Fahrzeugbetrieb über die vorgesehene Lebensdauer notwendigen Hauptfunktion.	Sortierung		

Bild 2.18 Tabelle P1 - Bedeutung (B) PFMEA

6		100 % des Produktions-laufes müssen möglicherweise Offline nachbearbeitet und abgenommen werden.	Anlagen-abschaltung bis zu 1 Stunde.	Verlust einer Komfortfunktion.			
5	Mäßig niedrig	Ein Teil des Produktions-laufes könnte möglicherweise Offline nachbearbeitet und abgenommen werden	Weniger als 100 % des Produktes sind betroffen; weitere fehlerhafte Produkte sehr wahrscheinlich; Sortierung notwendig; keine Anlagen-abschaltung	Einschränkung einer Komfortfunktion		Sortierung	Nebenfunktion
4		100 % des Produktions-laufes müssen vor Weiter-verarbeitung an den Stationen nachbearbeitet werden.	Fehlerhaftes Produkt löst umfangreichen Reaktionsplan aus; weitere fehlerhafte Produkte unwahrscheinlich; keine Sortierung erforderlich.	Deutlich wahrnehmbare Qualitäts-beeinträchtigung von Erscheinungsbild, Klang, Vibrationen, Rauheit oder Haptik.	Nacharbeit		
3		Ein Teil des Produktionslaufes könnte möglicherweise vor Weiterver-arbeitung an den Stationen nachbearbeitet werden	Fehlerhaftes Produkt löst untergeordneten Reaktionsplan aus; weitere fehlerhafte Produkte unwahrscheinlich; keine Sortierung erforderlich	Mäßig wahrnehmbare Qualitätsbeein-trächtigung von Erscheinungsbild, Klang, Vibrationen, Rauheit oder Haptik		Reaktionsplan	Haptik, Akustik, Optik
2	Niedrig	Geringe Schwierigkeiten für den Prozess, den Betrieb oder den Bediener.	Fehlerhaftes Produkt löst keinen Reaktionsplan aus; weitere fehlerhafte Produkte unwahr-scheinlich; keine Sortierung erforderlich; Rückmeldung an Lieferanten erforderlich.	Geringfügig wahrnehmbare Qualitätsbe-einträchtigung von Erscheinungsbild, Klang Vibrationen, Rauheit oder Haptik.	Geringe Auswirkung	Geringe Auswirkung	
1	Keine	Keine wahrnehmbare Auswirkung	Keine wahrnehmbare oder keine Auswirkung	Keine wahrnehmbare Auswirkung	Keine Auswirkung	Keine Auswirkung	Keine Auswirkung

Quelle: AIAG & VDA FMEA-Handbuch

Quelle: FhG IPA Stuttgart

Bild 2.18 Tabelle P1 – Bedeutung (B) PFMEA *(Fortsetzung)*

Das Auftreten wird um die alternative Tabelle aus dem Anhang des „AIAG & VDA FMEA-Handbuchs“ erweitert:

Alternative Bewertungstabellen Auftreten PFMEA

- Vorkommnisse pro 1000 Fälle/Fahrzeug
- Zeitliche Prognose

Das Fraunhofer-Institut für Produktionstechnik und Automatisierung IPA interpretiert die Wirksamkeit des Auftretens A der PFMEA bei:

- A = 10 bis 2 in Wirksamkeit der Vermeidungsmaßnahme
- A = 1 in konstruktives oder prozesstechnisches Poka Yoke

Im „AIAG & VDA FMEA-Handbuchs“ bewertet die Entdeckung E

- Entdeckungsfähigkeit
- Reifegrad der Entdeckungsmethode
- Entdeckungsmöglichkeit

Tabelle P2 - PFMEA Auftreten (A)

Bewertung des Auftretens (A) – Prozess-FMEA
Bewertung der potenziellen Fehlerursachen gemäß den untenstehenden Kriterien. Berücksichtigung der Vermeidungsmaßnahmen bei der Bestimmung des Auftretens. Das Auftreten ist ein prädiktiver, qualitativer Wert zum Zeitpunkt der Bewertung und könnte nicht das tatsächliche Auftreten widerspiegeln. Die Bewertungszahl ist eine relative Bewertung innerhalb des FMEA-Umfangs (des bewerteten Prozesses). Für Vermeidungsmaßnahmen mit mehreren Auftreten die Bewertung verwenden, die am besten die Robustheit der Maßnahme reflektiert.

A	Auftreten	Art der Vermeidung	Vermeidungsmaßnahme	Alternative Tabelle Auftreten		Interpretation Wirksamkeit der Vermeidungsmaßnahme
				Vorkommnisse pro 1.000 Fälle/Fahrzeug	Zeitliche Prognose	
10	Extrem hoch	Keine	Keine Vermeidungsmaßnahmen	> 100 pro Tausend ≥ 1 in 10	Immer	**Wirksamkeit der Vermeidungsmaßnahme**
9	Sehr hoch	Verhalten	Geringe Wirksamkeit der Vermeidungsmaßnahmen bei der Vermeidung der Fehlerursache	50 pro Tausend 1 in 20	Fast immer	
8				20 pro Tausend 1 in 50	Mehr als einmal pro Schicht	
7	Hoch	Verhalten oder technisch	Mäßige Wirksamkeit der Vermeidungsmaßnahmen bei der Vermeidung der Fehlerursache	10 pro Tausend 1 in 100	Mehr als einmal pro Tag	
6				2 pro Tausend 1 in 500	Mehr al einmal pro Woche	
5	Mittel		Wirksamkeit der Vermeidungsmaßnahmen bei der Vermeidung der Fehlerursache	0,5 pro Tausend 1 in 2.000	Mehr als einmal pro Monat	
4				0,1 pro Tausend 1 in 10.000	Mehr als einmal pro Jahr	
3	Niedrig	Bewährte Verfahren: Verhalten oder technisch	Hohe Wirksamkeit der Vermeidungsmaßnahmen bei der Vermeidung der Fehlerursache	0,01 pro Tausend 1 in 100.000	Einmal pro Jahr	
2	Sehr niedrig			< 0,001 pro Tausend 1 in 1.000.000	Weniger als einmal pro Jahr	
1	Ausgeschlossen	Technisch	Vermeidungsmaßnahmen sind extrem effektiv in der Vermeidung des Auftretens der Fehlerursache aufgrund des Designs (zum Beispiel Teilegeometrie) oder Prozesses (zum Beispiel Auslegung von Vorrichtungen oder Werkzeugen). Ziel der Vermeidungsmaßnahmen: Fehler kann durch die Fehlerursache physisch nicht verursacht werden.	Der Fehler wird durch die Vermeidungsmaßnahme beseitigt.	Nie	Konstruktives oder prozesstechnisches Poka-Yoka

Wirksamkeit der Vermeidungsmaßnahmen:
Berücksichtigen Sie bei der Bestimmung des Wirksamkeitsgrades der Vermeidungsmaßnahmen, ob Sie technische Vermeidungsmaßnahmen einsetzen (Einsatz von Maschinen, Werkzeuglebensdauer, Werkzeugmaterial usw.) oder bewährte Verfahren (Vorrichtungen, Werkzeugauslegung, Kalibrierungsprozesse, Fehlerabsicherung, vorbeugende Wartung, Arbeitsanweisungen, statistische Prozesslenkungsdiagramme, Prozessüberwachung, Produktauslegung usw.) oder Verhaltensmaßnahmen (Einsatz von zertifizierten oder

Vermeidungsmaßnahmen:
Anwendung von bewährten Verfahren im Prozessdesign, der Auslegung von Vorrichtungen und Werkzeugen und/oder Wirksamkeit von Einrichte- und Kalibrierungsverfahren, Fehlerabsicherung, vorbeugende Wartung, Arbeitsanweisungen, statistische

Vorkommnisse pro 1.000 Fälle/Fahrzeuge:
Passen Sie die geschätzten Fehlerraten auf Grundlage der erwarteten Produktionsvolumen an und führen Sie diese Anpassungen als Unternehmens- oder produktspezifische Beispiele an.

Zeitliche Prognose der Fehlerursache:
Berücksichtigen Sie die Umgebungsbedingungen für den Produktionsprozess, die auch bei ähnlichen Prozessen an anderen Orten unterschiedlich sein können. Berücksichtigen Sie auch den Automatisierungsgrad und den Einfluss des Bedieners auf die Produktqualität.

Achtung:
Fehlerraten gelten für Fehlerarten und nicht für Fehlerursachen und sind. häufig eher quantitative (sachliche) Werte als qualitative (subjektive) Werte. Fehlerraten sollten in der PFMEA mit Vorsicht verwendet werden.
Fehlerraten zur Prognose der Wahrscheinlichkeit des Auftretens von Fehlerursachen spiegeln möglicherweise nicht die tatsächliche Erstqualität oder laufende Qualität wieder.
Statistische Messungen wie Cpk und Ppk sollten zusätzlich zur PFMEA in Betracht gezogen werden.

Hinweis: Das Auftreten A kann auf Grundlage der Produktvalidierung reduziert werden.

Quelle: AIAG & VDA FMEA-Handbuch — Quelle: analog FhG IPA Stuttgart

Bild 2.19 Tabelle P2 – Auftreten (A) PFMEA

Das Fraunhofer-Institut für Produktionstechnik und Automatisierung IPA interpretiert die Entdeckung E der PFMEA in:

- Nachweis der Wirksamkeit und Verlässlichkeit

  Nicht gegeben

  Test- oder Prüfmethode wurde noch nicht nachgewiesen

  Test- oder Prüfmethode wurde nachgewiesen

  System wurde nachgewiesen

  Entdeckungsmethode wurde nachgewiesen

  Nachweislich immer
- Erfahrung im Werk

  Wenig Erfahrung mit der Methode

  Erfahrung mit der Methode

  Erfahrung mit der Methode bzw. Fehlerabsicherung
- Gage R&R-Ergebnisse

  Marginal für vergleichbaren Prozess oder die Anwendung

  Akzeptabel für vergleichbaren Prozess oder die Anwendung

  Akzeptabel für Prozess
- Entdeckung von

  Fehlerart

  Fehlerart oder Fehlerursache

  Fehlerart

  Fehlerursache

  Fehlerart oder Fehlerursache
- Ort der Entdeckung

  Nachfolgende Arbeitsstation

  Arbeitsstation
- Entdeckungsmethode (Mensch, Maschine, Prüfmittel, System)

  Prüfung durch den Mensch (sehen, fühlen, hören) oder manuelle Vermessung (Attribut oder Variable)

  Maschinelle Entdeckung (automatisch oder halbautomatisch mit Warnung durch Licht oder Tonsignal) oder Einsatz von Prüfmitteln wie Koordinatenmesssysteme

  Prüfung durch den Mensch (sehen, fühlen, hören) oder manuelle Vermessung (Attribut oder Variable)

Maschinelle Entdeckung (automatisch oder halbautomatisch mit Warnung durch Licht oder Tonsignal). Einsatz von Prüfmitteln wie Koordinatenmesssystemen (einschließlich Produktstichproben).

Maschinelle automatische Entdeckungsmethode

Maschinelle Entdeckungsmethode

Fehlerart kann durch die Konstruktion oder den Prozess physisch nicht verursacht werden.

- Reaktion durch

Mensch

Maschine/System

Entdeckungsmethode verhindert die Weiterverarbeitung oder markiert das Produkt als fehlerhaft.

Das fehlerhafte Produkt wird durch ein robustes System gelenkt, das die Ausgabe des Produkts aus der Produktionsstätte verhindert.

Maschine vermeidet die Entstehung der Fehlerart (fehlerhaftes Teil).

Tabelle P3 - PFMEA Entdeckung (E)

Bewertung der Entdeckung (E) – Prozess-FMEA
Bewertung der Entdeckungsmaßnahmen bezüglich des Reifegrades der Entdeckungsmethode und der Entdeckungsmöglichkeit

E	Entdeckungs-fähigkeit	Reifegrad der Entdeckungsmethode	Entdeckungsmöglichkeit
10	Sehr niedrig	Keine Test- oder Prüfmethode vorhanden oder bekannt	Die Fehlerart kann nicht entdeckt werden oder wird nicht entdeckt.
9		Es ist **unwahrscheinlich**, dass die Fehlerart mit der Test- oder Prüfmethode erkannt wird.	Die Fehlerart ist durch gelegentliche oder zufällige Prüfungen nicht zu entdecken.
8	Niedrig	Wirksamkeit und Verlässlichkeit der **Test- oder Prüfmethode wurde noch nicht nachgewiesen** (zum Beispiel Werk hat wenig oder keine Erfahrung mit der Methode, Gage-R&R-Ergebnisse sind marginal für vergleichbaren Prozess oder die Anwendung usw.).	Durch Prüfung durch den Mensch (sehen, fühlen, hören) oder manuelle Vermessung (Attribut oder Variable) sollte die Fehlerart oder Fehlerursache entdeckt werden.
7			Durch maschinelle Entdeckung (automatisch oder halbautomatisch mit Warnung durch Licht- oder Tonsignal usw.) oder Einsatz von Prüfmitteln wie Koordinatenmesssystemen sollte die Fehlerart oder Fehlerursache entdeckt werden.
6	Mittel	Wirksamkeit und Verlässlichkeit der **Test- oder Prüfmethode wurde nachgewiesen** (zum Beispiel Werk hat Erfahrung mit der Methode, Gage-R&R-Ergebnisse sind akzeptabel für vergleichbaren Prozess oder die Anwendung usw.).	Durch Prüfung durch den Mensch (sehen, fühlen, hören) oder manuelle Vermessung (Attribut oder Variable) wird die Fehlerart oder Fehlerursache entdeckt (einschließlich Produktstichproben).
5			Durch maschinelle Entdeckung (automatisch oder halbautomatisch mit Warnung durch Licht- oder Tonsignal usw.) oder Einsatz von Prüfmitteln wie Koordinatenmesssystemen wird die Fehlerart oder Fehlerursache entdeckt (einschließlich Produktstichproben).
4	Hoch	Wirksamkeit und Verlässlichkeit des **Systems wurde nachgewiesen** (zum Beispiel Werk hat Erfahrung mit der Methode, Gage-R&R-Ergebnisse sind akzeptabel usw.).	Maschinelle automatische Entdeckungsmethode entdeckt die Fehlerart in einer nachfolgenden Arbeitsstation verhindert die Weiterverarbeitung oder markiert das Produkt als fehlerhaft, das dann im Prozess automatisch bis zur vorgesehenen Auswurfstelle weitergeleitet wird. Das fehlerhafte Produkt wird durch ein robustes System gelenkt, das die Ausgabe des Produktes aus der Produktionsstätte verhindert.
3			Maschinelle automatische Entdeckungsmethode entdeckt die Fehlerart an der Arbeitsstation, verhindert die Weiterverarbeitung oder markiert das Produkt als fehlerhaft, das dann im Prozess automatisch bis zur vorgesehenen Auswurfstelle weitergeleitet wird. Das fehlerhafte Produkt wird durch ein robustes System gelenkt, das die Ausgabe des Produktes aus der Produktionsstätte verhindert
2		Wirksamkeit und Verlässlichkeit der **Entdeckungsmethode wurde nachgewiesen** (zum Beispiel Werk hat Erfahrung mit der Methode, Fehlerabsicherung usw.).	Maschinelle Entdeckungsmethode entdeckt die Fehlerursache und vermeidet die Entstehung der Fehlerart (fehlerhaftes Teil).
1	Sehr hoch	Fehlerart kann durch die **Konstruktion oder den Prozess physisch nicht verursacht werden** oder Entdeckungsmethoden entdecken die Fehlerart oder Fehlerursache nachweislich immer.	

Quelle: AIAG & VDA FMEA-Handbuch

Bild 2.20 Tabelle P3 – Entdeckung (E) PFMEA

E	Entdeckungs-fähigkeit	Interpretation						
		Nachweis der Wirksamkeit und Verlässlichkeit	Erfahrung im Werk	Gage R&R-Ergebnisse	Entdeckung von	Ort der Entdeckung	Entdeckungsmethode (Mensch, Maschine, Prüfmittel, System)	Reaktion durch
10	Sehr niedrig				Fehlerart			
9		Nicht gegeben			Fehlerart			
8	Niedrig	Test- oder Prüfmethode wurde noch nicht nachgewiesen	Wenig Erfahrung mit der Methode	Marginal für vergleichbaren Prozess oder die Anwendung	Fehlerart oder Fehlerursache		Prüfung durch den Mensch (sehen, fühlen, hören) oder manuelle Vermessung (Attribut oder Variable)	Mensch
7							Maschinelle Entdeckung (automatisch oder halbautomatisch mit Warnung durch Licht oder Tonsignal) oder Einsatz von Prüfmitteln wie Koordinatenmesssystemen	Mensch
6	Mittel	Test- oder Prüfmethode wurde nachgewiesen	Erfahrung mit der Methode	Akzeptabel für vergleichbaren Prozess oder die Anwendung	Fehlerart oder Fehlerursache		Prüfung durch den Mensch (sehen, fühlen, hören) oder manuelle Vermessung (Attribut oder Variable)	Mensch
5							Maschinelle Entdeckung (automatisch oder halbautomatisch mit Warnung durch Licht oder Tonsignal). Einsatz von Prüfmitteln wie Koordinatenmeßsystemen (einschließlich Produktstichproben).	Mensch
4	Hoch	System wurde nachgewiesen	Erfahrung mit der Methode	Akzeptabel für Prozess	Fehlerart	Nachfolgende Arbeitsstation	Maschinelle automatische Entdeckungsmethode	Maschine / System Entdeckungsmethode verhindert die Weiterverarbeitung oder markiert das Produkt als fehlerhaft. Das fehlerhafte Produkt wird durch ein robustes System gelenkt, das die Ausgabe des Produktes aus der Produktionsstätte verhindert.
3						Arbeitsstation		
2		Entdeckungsmethode wurde nachgewiesen	Erfahrung mit der Methode bzw. Fehler-absicherung		Fehler-ursache		Maschinelle Entdeckungsmethode	Maschine vermeidet die Entstehung der Fehlerart (fehlerhaftes Teil)
1	Sehr hoch	Nachweislich immer			Fehlerart oder Fehler-ursache		Fehlerart kann durch die Konstruktion oder den Prozess physisch nicht verursacht werden.	

Bild 2.20 Tabelle P3 – Entdeckung (E) PFMEA *(Fortsetzung)*

Das Formblatt PFMEA (Vorlage) wird in der kompakten Ansicht B dargestellt (Bild 2.21).

Das FMEA-Handbuch zeigt drei PFMEA-Vorlagen:

- Formblatt C: Standard-DFMEA-Formblatt

  Unterstützung der 7 Schritte

- Formblatt D: Alternatives PFMEA-Formblatt

  Ebene Prozessgegenstand und Funktion des Prozessgegenstands in einer einzelnen Spalte und nicht in allen Spalten

- Formblatt E: Alternatives PFMEA-Formblatt

  Ebene Funktion des Prozessgegenstands und Produktmerkmal und Funktion des Prozessursachenelements und Prozessmerkmale in mehrfachen Spalten mit eigener Kategorie von Informationen zugeordnet

- Formblatt F: Alternatives PFMEA-Formblatt

  Kombination aus Formblatt D und Formblatt E

- Formblatt G: Alternatives PFMEA-Formblatt

  Unterteilung in der Struktur- und der Fehleranalyse geändert

- Ansicht B: PFMEA-Softwareansicht.

Prozess-FMEA Fehler-Möglichkeits- und Einfluss-Analyse

1.Schritt: PLANUNG UND VORBEREITUNG		
Unternehmen:	PFMEA-Projekt:	Seite von
Produktionsstandort:	PFMEA-Startdatum:	PFMEA-ID:
Kunde:	PFMEA-Revisionsdatum:	Prozess-Verantwortung:
Modeljahr(e)/Programm(e):	Interdisziplinäres Team:	Vertraulichkeitsstufe:

2. Schritt: STRUKTURANALYSE		
1. Prozess	2. Arbeitsfolgen	3. Prozessschritte

3. Schritt: FUNKTIONSANALYSE		
1. Ablauf und Anforderung	2. Ablauf und Anforderung	3. Funktion und Anforderung/Merkmal

4. Schritt: FEHLERANALYSE			
1. Fehlerfolgen (FF)	Bedeutung (B) der FF	2. Fehlerart (FA)	3. Fehlerursache (FU)

5.Schritt: RISIKOANALYSE													
Vermeidungs-maßnahmen (VM) für FU	Auftreten (A) der FU	Entdeckungsmaß-nahmen (EM) für FU oder FA	Entdeckung (E) für FU/FA	PFMEA AP	Besondere Merkmale	Filtercode (optional)	Name des Verantwortlichen	Geplantes Fertigstellungsdatum	Status	Ergriffene Maßnahmen mit Nachweis	Fertigstellungsdatum	Bemerkungen	
Anfangsstand:													
6.Schritt: OPTIMIERUNG													
Änderungsstand:													

Bild 2.21 Formblatt PFMEA (Vorlage Ansicht B)

2.5.3 Aufgabenpriorität Design-/Prozess-FMEA

Die Aufgabenpriorität Design- und Prozess-FMEA aus dem „AIAG & VDA FMEA-Handbuch“ werden zusammengefasst und erweitert.

- Systemrisiken werden durch die Einzelbewertungen und die daraus ermittelte Aufgabenpriorität (AP) aufgezeigt.Maßnahmenpriorität Hoch (H)
  - Es **sind** angemessene Maßnahme zu definieren, um das Auftreten zu reduzieren und die Entdeckung zu erhöhen, **oder** es ist zu entscheiden und zu dokumentieren, warum die bisherigen Maßnahmen ausreichend sind.
- Maßnahmenpriorität Mittel (M)
  - Es sollten angemessene Maßnahme definiert werden, um das Auftreten zu reduzieren und die Entdeckung zu erhöhen oder nach eigenem Ermessen zu entscheiden und zu dokumentieren, warum die bisherigen Maßnahmen ausreichend sind.
- Maßnahmenpriorität Niedrig (N)
  - Das Team **kann**, um das Auftreten und die Entdeckung zu verbessern, Maßnahmen definieren.

AP - Tabelle D/PFMEA		E		
B	A	1 - 4	5 - 6	7 - 10
10	6 - 10	H	H	H
	4 - 5	M	H	H
	2 - 3	N	M	H
9	2 - 10	H	H	H
5 - 8	8 - 10	H	H	H
	6 - 7	M	H	H
	4 - 5	M	H	H
	2 - 3	N	M	M
2 - 4	8 - 10	H	H	H
	6 - 7	M	H	H
	4 - 5	N	M	H
	2 - 3	N	N	M
2 - 10	1	N	N	N
1	2 - 10	N	N	N

Bild 2.22 Tabelle AP – Angepasste Aufgabenpriorität DFMEA und PFMEA (Quelle AIAG & VDA FMEA-Handbuch angepasst)

Bei einer Bedeutung der Fehlerfolge mit B = 10 (Sicherheit) und B = 9 (gesetzliche und behördliche Vorgaben) mit hoher oder mittlerer Aufgabenpriorität sollte eine Begutachtung durch das Management erfolgen.

Die Aufgabenpriorität dient der Priorisierung der Maßnahmen zur Risikoreduzierung.

Die Aufgabenpriorität ist keine Priorisierung der Risiken!

Angepasste Tabelle AP – Aufgabenpriorität DFMEA und PFMEA

Bedeutung B = 1

Bei der **Bedeutung B = 1 (Keine wahrnehmbare Auswirkung)** wird unabhängig vom Auftreten **A = 1 - 10** und der Entdeckung **E = 1 - 10** die Aufgabenpriorität in **AP = N** geändert.

Auftreten A = 1

Beim **Auftreten A = 1 (Fehlerart wird durch Vermeidungsmaßnahmen eliminiert und Fehlerursache ist durch die Konstruktion ausgeschlossen)** wird unabhängig vom der Bedeutung **B = 2 - 10** und der Entdeckung **E = 1 - 10** die Aufgabenpriorität in **AP = N** geändert.

In diesen Fällen haben weitere Vermeidungs- oder Entdeckungsmaßnahmen keine weitere Risikoreduzierung zur Auswirkung.

Bedeutung B = 10 - 9

Bei der **Bedeutung B = 10 – 9**, dem Auftreten **A = 4 - 5** und der Entdeckung **E = 1 - 4** folgt eine Aufgabenpriorität von **AP = M**.

Bei der **Bedeutung B = 10 – 9**, dem Auftreten **A = 2 - 3** und der Entdeckung **E = 5 - 6** folgt eine Aufgabenpriorität von **AP = M**, und bei der Entdeckung **E = 1 - 4** eine Aufgabenpriorität von **AP = N**.

Für gesetzliche oder behördliche Vorgaben mit der Bedeutung **B = 9** und der Aufgabenpriorität **AP = M** sollte das Management entgegen dem „AIAG & VDA FMEA-Handbuch" bei der Begutachtung bedenken, dass hier gesetzliche oder behördliche Vorgaben verletzt werden.

Trennung von der Bedeutung in B = 10 und B = 9

Bei der Bedeutung **B = 10** wird die Sicherheit betrachtet.

Beim Auftreten **A = 2 - 3** und der Entdeckung **E = 1 - 4** mit der Aufgabenpriorität von **AP = N** gibt es ein Restrisiko.

Bei der Bedeutung **B = 9** werden gesetzliche oder behördliche Vorgaben betrachtet, die immer erfüllt werden müssen.

Damit ist bei der Entdeckung **E = 5 - 6** nur die Aufgabenpriorität **AP = H** schlüssig.

2.6 Schritt 6: Optimierung

WORUM GEHT ES?

Nach der Risikoanalyse folgt die Optimierung (Tabelle 2.6).

Tabelle 2.6 Steckbrief - Schritt 6: Optimierung

▪ Umfang:	Maßnahmen zur Risikoreduzierung
▪ Hilfsmittel:	Verantwortlichkeiten und Termine für die Maßnahmenumsetzung
▪ Analyse:	Umsetzung und Dokumentation der getroffenen Maßnahmen mit Wirksamkeitsbestätigung der umgesetzten Maßnahmen Risiken nach Umsetzung der Maßnahmen
▪ Beteiligte:	FMEA-Team, Management, Kunden und Lieferanten (Fehler)
▪ Ergebnis:	Ausgangsbasis zur Verbesserung der Produkt- und/oder Prozessforderungen und Vermeidungs- und Entdeckungsmaßnahmen

WAS BRINGT ES?

In der Risikoanalyse werden die Risiken bewertet. Die Risiken, die nach Einschätzung des FMEA-Teams zu hoch sind, werden mit Maßnahmen belegt. Für diese Maßnahmen erfolgte eine Abschätzung über deren Wirksamkeit. Es können auch konkurrierende oder sich ergänzende Maßnahmen definiert worden sein.

Die AP zeigt die Priorität der Optimierung auf.

Prioritäten bei der Optimierung

1. **Konzeptänderung, um die Fehlerursache auszuschließen bzw. die Bedeutung zu reduzieren.**
2. **Erhöhung der Konzeptzuverlässigkeit, um das Auftreten der Fehlerursache zu minimieren.**
3. **Wirksamere Entdeckung der Fehlerursache (möglichst konstruktiv vorsehen und zusätzliches Prüfen vermeiden).**

Für die Risikobewertung des gegebenen Zustands werden die bereits umgesetzten Maßnahmen herangezogen. Zur weiteren Senkung des Risikos sind zusätzliche Maßnahmen notwendig. Für diese Maßnahmen sind jeweils der Verantwortliche (V) mit Namen und Abteilungskurzzeichen sowie der entsprechende Termin (T) für die Erledigung anzugeben.

- Zur Minimierung des Risikos werden die zusätzlichen Maßnahmen beschrieben und wird für die Umsetzung jeweils ein Verantwortlicher mit Termin für die Erledigung benannt.
- Nach der Optimierung werden bei Konzeptänderungen alle 7 Schritte der FMEA neu durchlaufen.
- Bei Zuverlässigkeitserhöhungen durch Vermeidungsmaßnahmen oder wirksamerer Entdeckung werden die Schritte 5 und 6 wiederholt.
- Die Wirksamkeit der Maßnahmen ist nachzuweisen und durch die Bewertung zu bestätigen.
- Der Eintrag in der V/T-Spalte zeigt offene und entschiedene Punkte der FMEA.

Nach der Optimierung werden bei Konzeptänderungen alle 7 Schritte der FMEA neu durchlaufen. Nach Festlegung der Maßnahmen zur Zuverlässigkeitserhöhung oder zur wirksameren Entdeckung erfolgt eine vorläufige, neue Risikobewertung. Die endgültige Bewertung erfolgt nach Durchführung der Maßnahme.

Anmerkung: Die FMEA liefert eine vorwiegend qualitative Bewertung. Aufgrund der subjektiven Einschätzung und deren Unsicherheit eignet sie sich nur bedingt als Methode zur quantitativen Bewertung.

Änderungsstand

- Falls eine Systemoptimierung erforderlich ist, wird ein Änderungsstand eingefügt.
- Alle geplanten Maßnahmen werden aufgezeigt und deren Wirkung wird prognostiziert.
- Allen Maßnahmen wird ein Verantwortlicher mit Termin zugeordnet.
- Der Aufwand für die Umsetzung dieser Maßnahmen wird dargestellt.

Auftreten (A)

- Das Auftreten bewertet, wie häufig die Fehlerursache auftritt, nachdem die geplante Vermeidungsmaßnahme durchgeführt ist.
- Das Auftreten ist eine gemutmaßte Bewertung.

Entdeckung (E)

- Die Entdeckung bewertet die Entdeckung der Fehlerursache unter Berücksichtigung der geplanten Entdeckungsmaßnahme.
- Die Entdeckung ist eine gemutmaßte Bewertung.
- Die Bewertung ist abhängig vom Zeitpunkt der Entdeckung.

WIE GEHE ICH VOR?

Zur Entscheidung über die Umsetzung der Maßnahmen bedarf es einer Beurteilung aller Maßnahmen bezüglich deren Wirksamkeit zur Risikoreduzierung, Realisierbarkeit und Einsatzzeitpunkt.

Die Aufgabenpriorität bildet die Entscheidungsgrundlage für die Umsetzung der Maßnahmen und wird im Allgemeinen von den zuständigen Verantwortlichen in der Linien- oder der Projektorganisation entschieden.

Aufgabenzuordnung im FMEA-Team zur Maßnahmenentscheidung

V: Verantwortliche zur Durchführung

- Vorbereitung der Maßnahmenentscheidung,
- Erstellen der Entscheidungsvorlage mit Kosten, Terminen,
- Entscheidung der Maßnahme,
- Freigabe der Ressourcen.

T: Teammitglieder

- Information zur entscheidenden Maßnahme,
- Unterstützung bei der Ausarbeitung der Maßnahmenentscheidung.

Nachdem die Maßnahmen entschieden worden sind, steht deren Umsetzung an.

Beschlossene Maßnahmen werden mit Verantwortlichem (Name und Abteilung) und entsprechendem Termin für die Erledigung in eine Maßnahmenverfolgung aufgenommen und in den Terminplan des Projekts eingebunden.

Der Verantwortliche setzt die Maßnahmen mit den personellen und materiellen Ressourcen um. Das Ergebnis wird auf Wirksamkeit überprüft. Daraus leitet sich die erneute Bewertung und Einstufung des Risikos ab.

Werden empfohlene Maßnahmen als ungeeignet verworfen, schlägt das Team in Zusammenarbeit mit den Fachabteilungen weitere Maßnahmen zur Reduzierung auf ein annehmbares Risiko vor.

Aufgabenzuordnung im FMEA-Team zur Umsetzung

V: Verantwortliche zur Durchführung

- überwacht die termingerechte Umsetzung der Maßnahmen,
- beruft das FMEA-Team zur Bewertung der Maßnahmen ein,
- erstellt und verteilt den Abschlussbericht,
- gibt die entsprechende Empfehlung für Freigaben.

M: FMEA-Moderator

- führt die Teamsitzungen,
- verantwortet die methodische Durchführung,
- dokumentiert die Besprechung.

T: Teammitglieder

- bewerten mit ihren Erfahrungen das verbleibende Restrisiko,
- schätzen mit den Experten das Restrisiko ein.

E: Experten

- unterstützen die Teammitglieder bei der Bewertung des verbleibenden Risikos,
- stellen die durchgeführten Maßnahmen dar.

Im Ablauf einer FMEA haben sich festgelegte Zeitpunkte zur Überprüfung des Erledigungsgrades aller Aktivitäten, die durch diese FMEA ausgelöst wurden, bewährt. So lässt sich der jeweilige Stand im Gesamtterminplan feststellen.

Regelmäßige Review-Termine zur Maßnahmenverfolgung

Fragen zum Review:

- Wurden die geplanten Maßnahmen umgesetzt?
- Sind die gemutmaßten Bewertungen zu korrigieren?
- Müssen neue Änderungsstände erarbeitet werden?
- Ergeben sich aus den umgesetzten Maßnahmen neue Risiken?

2.7 Schritt 7: Ergebnisdokumentation

WORUM GEHT ES?

Während der Durchführung der FMEA und nach Umsetzung der Maßnahmen mit Prüfung auf Wirksamkeit wird jeweils mit einer Neubewertung des Risikos über den Status im Rahmen von Reviews, Projektsitzungen berichtet (Tabelle 2.7).

Tabelle 2.7 Steckbrief – Schritt 7: Ergebnisdokumentation

▪ Umfang:	Maßnahmen zur Risikoreduzierung
▪ Hilfsmittel:	Inhalte der Dokumentation
▪ Analyse:	Getroffene Maßnahmen mit Wirksamkeitsbestätigung und Risikoreduzierung nach Umsetzung der Maßnahmen
▪ Beteiligte:	Eigene Organisation, Kunden und ggf. zum Lieferanten
▪ Ergebnis:	Risikoanalyse und die Reduzierung auf ein annehmbares Risiko

WAS BRINGT ES?

Die Darstellung und Aufbereitung der FMEA wird über das Projekt hinaus in einer „Wissensdatenbank" abgelegt und steht für weitere Verwendung zur Verfügung. Beim Auftreten von Störungen in der Anwendung von Produkt und Prozess bildet die FMEA die Basis für die Fehleranalyse. Sie findet auch Verwendung für die Erstellung von Diagnoseabläufen im Kundendienst.

WIE GEHE ICH VOR?

Entsprechend den Richtlinien der Organisation werden die durchgeführten FMEA-Dateien archiviert. Dabei sind die üblichen Archivierungsvereinbarungen zu Aufbewahrungsfristen, die sich aus den internen, kundenspezifischen, behördlichen und gesetzlichen Vorgaben ergeben, einzuhalten.

Die Ergebnisdokumentation umfasst:

- Ergebnisse und Schlussfolgerungen dokumentieren
- Dokumentation der getroffenen Maßnahmen inkl. Nachweis der Wirksamkeit
- Dokumentation der Risikoanalyse und der Reduzierung auf ein annehmbares Risiko
- Kommunikation der FMEA-Ergebnisse (Kunde/Lieferant)

Aufgabenzuordnung im FMEA-Team zur Kommunikation

V: Verantwortliche zur Durchführung

- Festlegung der Kommunikationswege und -zyklen mit den internen und externen Kunden bzw. Lieferanten,
- Informationen aufbereiten und dokumentieren,
- Koordinierung und Freigabe der Informationsinhalte,
- Ergebnisse aufbereiten, dokumentieren und präsentieren,
- Wissenspflege betreiben wie Aktualisierung, Eliminierung, Strukturierung usw.,
- Meldelinie festlegen.

M: FMEA-Moderator

- Unterstützung beim Sammeln von Informationen,
- Mitwirkung bei der Informationsgenerierung,
- Aufbereitung von Informationen bezüglich Fehlinterpretation,
- Transfer der Informationen zu anderen FMEA-Spezialisten,
- Einbringen von Informationen aus vergleichbaren FMEAs.

T: Teammitglieder

- Wissensinhalte an die eigenen Mitarbeiter weitergeben, vermitteln und verteilen,
- über positive Erfahrungen berichten,
- Umsetzungsergebnisse bezüglich der eigenen Prozesse mit den Prozessverantwortlichen besprechen und darstellen,
- Sensibilisierung der Mitarbeiter, Lieferanten und Kunden bezüglich der Risiken bezogen auf die eigenen Prozesse,
- Sicherstellung der Informationen aus der FMEA sowie die Wissenspflege und -aufbereitung im eigenen Bereich.

E: Experten

- Unterstützung beim Sammeln von Informationen,
- Beschaffung von zusätzlich oder ergänzend benötigten Informationen zu Spezialthemen,
- Beschaffung von benötigten Informationen über vorhandene Kommunikations- und Informationswege,
- Mitwirkung bei der Durchführung von Informationsabläufen

Inhalte der Dokumentation:

- Soll/Ist-Vergleich mit den festgelegten Zielen
- Die „5 Z“ (Zweck, Zeitrahmen, TeamZuordnung, AufgabenZuweisung, WerkZeug)
- Teilnehmerliste, Umfang der eingesetzten Methoden
- Betrachtungsumfang und Hinweis auf neue Inhalte
- Herleitung der Funktionen

- Zusammenfassung der Fehlerart mit hohem Risiko und Beschreibung der Maßnahmenpriorisierung
- Beschlossene und geplante Maßnahmen inkl. Status
- Beschreibung der fortlaufenden Verbesserung

Die Dokumentation ersetzt keine FMEA-Reviews!

3 Abgrenzung und Erweiterung

3.1 Design-FMEA und Prozess-FMEA

WORUM GEHT ES?

Das Erstellen der FMEA auf unterschiedlichen Ebenen ist Voraussetzung für die durchgängige Bearbeitung komplexer Systeme. Es werden die Schnittstellen festgelegt und beschrieben. Bei umfangreichen FMEAs wird durch die Schnittstellen eine übersichtliche und sinnvolle Arbeitsteilung erreicht, die eine Abgrenzung und die Verknüpfungen von FMEAs auf unterschiedlichen Betrachtungsebenen ermöglicht.

WAS BRINGT ES?

Bei der Analyse werden an den beschriebenen Schnittstellen die Fehlfunktionen eines SE über drei Ebenen in die FMEAs eingebunden.

Die Design-FMEA und die Prozess-FMEA werden so als effektives Werkzeug zur Überwindung von Schnittstellen zwischen der Produktentwicklung und der Produktionsprozessplanung eingesetzt.

Diese Vorgehensweise bietet sich auch zwischen Lieferanten und deren Kunden an.

Die Funktionen der Komponenten und ihre Merkmale werden auf die zugehörigen Prozessparameter, die fähig und beherrscht sein müssen, übertragen.

WIE GEHE ICH VOR?

3.1.1 Schnittstelle zwischen DFMEA und PFMEA

In Bild 3.1 wird der Zusammenhang zwischen Design-FMEA und Prozess-FMEA aufgezeigt.

Struktur			Systemelement	Fehlfunktion
Gesamtsystem			Fahrzeug	Fahrzeug bleibt liegen
Produkt			Motor	Motor defekt
System			Kurbeltrieb	Brennraum undicht
Teilsystem			ZB Kolben	Brennraum zum Kurbelgehäuse undicht
Baugruppe	Ebene 1: Design-FMEA (FF)		Kolben	Dichtelement nicht gebildet
Komponente	Ebene 2: Design-FMEA (FA)		Kolbenringnut	Dichtelement nicht aufgenommen
Merkmale Eigenschaften	Ebene 3: Design-FMEA (FU)	Ebene 1: Prozess-FMEA (FF)	Merkmale Kolbenringnut	Nutgrunddurchmesser zu klein Design/Prozess
Prozessschritt		Ebene 2: Prozess-FMEA (FA)	Schleifen	Schleiffehler
Prozessparameter		Ebene 3: Prozess-FMEA (FU)	Einspannung	Rohling lose

Bild 3.1 Design-FMEA und Prozess-FMEA mit Beispielen

In Bild 3.2 wird die Schnittstelle zwischen Design-FMEA und Prozess-FMEA am Merkmal Nutgrunddurchmesser der Kolbenringnut aufgezeigt.

In der Design-FMEA stehen die Merkmale der Kolbenringnut in der Fehlerursachenebene. Hier wird der Nutgrunddurchmesser konstruktiv festgelegt.

In der Prozess-FMEA wird das Merkmal Nutgrunddurchmesser der Kolbenringnut für das Herstellen festgelegt und steht in der Fehlerfolgenebene.

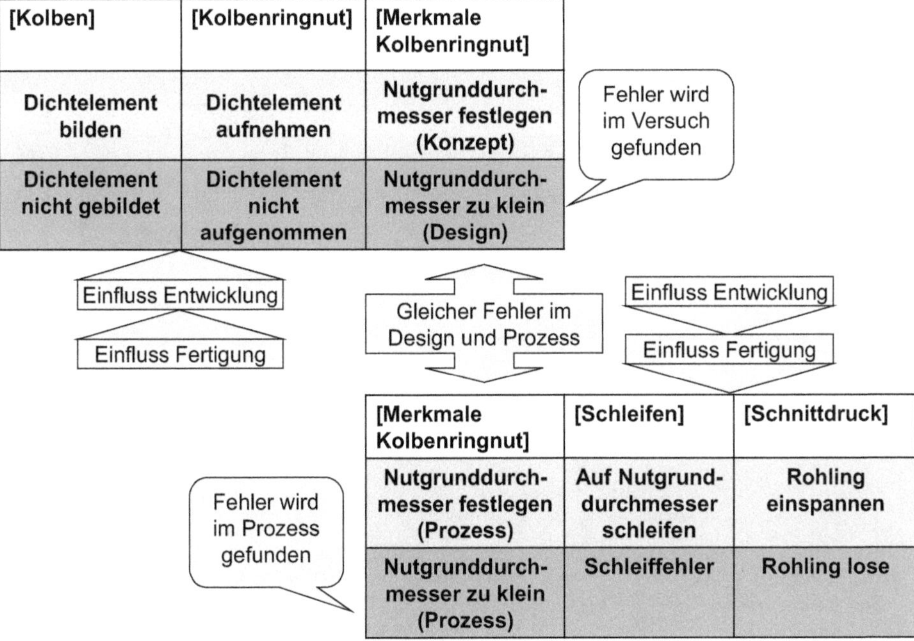

Bild 3.2 Schnittstelle der Design-FMEA und Prozess-FMEA

3.1.2 Weitere Anwendungsfelder der FMEA

Die DFMEA wird auch für die Risikobewertung z. B. für Maschinen oder Werkzeuge außerhalb der Automobilindustrie genutzt. Die Maßnahmen aus der Analyse können das Fehlerrisiko reduzieren, die Entdeckung von Fehlern vor Freigabe des Produkts oder die Produktqualität verbessern.

Die Maschinen-FMEA entspricht einer Design-FMEA und ist identisch mit den im vorigen Kapitel beschriebenen Inhalten für Design. Sie ist unterhalb der Prozess-FMEA eine weitere Ebene, die wie eine Design-FMEA durchgeführt wird, und betrachtet die möglichen Fehlfunktionen des konstruktiven Konzepts von Fertigungseinrichtungen.

Das Fachwissen für die Bearbeitung der Design-FMEA Maschine und letztlich auch deren Konstruktion liegt schwerpunktmäßig beim Maschinenkonstrukteur und nicht mehr beim Prozessplaner. Die Festlegung dieser Schnittstellen ist für die sinnvolle Arbeitsaufteilung bei der Erstellung der FMEA wichtig.

Betriebsmittel (Hilfsmittel, Betriebsstoffe, Maschinen, Vorrichtungen und Anlagen) und die Arbeitsplatzgestaltung werden eingeschlossen.

3.1.3 Festlegung der Bedeutung in der Lieferkette

Wechselwirkungen zwischen der Design- und der Prozess-FMEA können innerhalb und außerhalb eines Unternehmens vorhanden sein.

Eine gemeinsame Bewertung der Fehlerfolgen und der Bedeutung kann innerhalb der Lieferkette zwischen dem Kunden und den Lieferanten bis zu den Unterlieferanten abgestimmt werden (Bild 3.3).

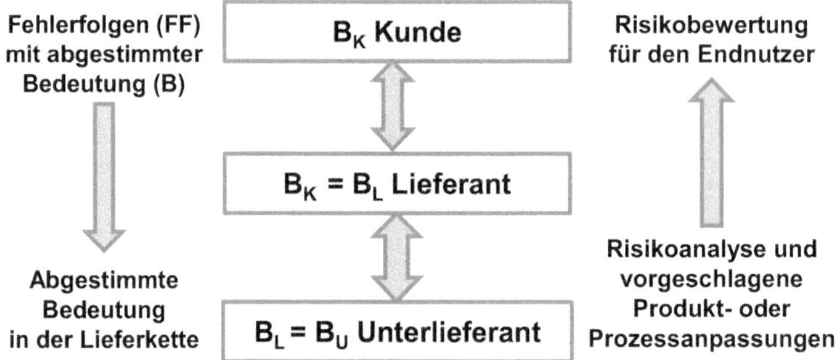

Bild 3.3 Bedeutung B in der Lieferkette

Die Bedeutungen in der DFMEA und PFMEA sind dieselben, wenn die Fehlerfolgen dieselben sind. Wenn die Produktfehlerfolgen auf Fahrzeugebene für den Endnutzer nicht in der PFMEA zugeordnet werden können, dann ist eine Korrelation von DFMEA und PFMEA unmöglich. Damit die Fehlerarten im Design bestimmten Fehlerfolgen zugeordnet werden können, kann die Korrelation mit der PFMEA auf das Produktmerkmal hergestellt werden.

3.2 FMEA-Ergänzung MSR (Monitoring und Systemreaktion)

WORUM GEHT ES?

FMEA-Ergänzung MSR untersucht mögliche Fehler im Kundenbetrieb mit Auswirkung auf das System oder das Fahrzeug:

- Potenzielle Fehlerursachen im Kundenbetrieb
- Auswirkungen auf das System, das Fahrzeug, Personen und gesetzliche und behördliche Vorgaben
- Folgende Mechanismen in den Systemen finden dabei Anwendung:
  - Zusätzliche Überwachungen, z. B. Abfrage, ob ausreichende Spannung anliegt.
  - Redundanzen, z. B. zusätzliche Stromversorgung der Steuereinheit.
  - Plausibilitätsprüfungen, z. B. Check, ob ausreichende Spannung an Steuereinheit anliegt.
- Warnmeldung an den Fahrer, wenn die Steuereinheit ausfällt.

WAS BRINGT ES?

Die FMEA-MSR ist eine Ergänzung zur Design FMEA und stellt die Verknüpfung zwischen der FMEA und der Funktionalen Sicherheit her. Die FMEA-MSR bewertet die Wirkung des Monitoring und der daraus folgenden Systemreaktion für ein System oder Produkt.

WIE GEHE ICH VOR?

Die FMEA-MSR erweitert die Risikoanalyse der DFMEA für automatische, geregelte und Assistenzsysteme.

Die Schritt 5 und Schritt 6 der DFMEA werden ergänzt.

3.2.1 FMEA-MSR Schritt 5: Risikoanalyse

Die Ergänzung zur FMEA-MSR Risikoanalyse dokumentiert die Häufigkeit, die aktuelle diagnostische Überwachung und die Systemreaktion, die schwerwiegendste Fehlerfolge nach Systemreaktion, die Bedeutung (B) der Fehlerfolge (FF) nach der Systemreaktion (MSR) und die der ursprünglichen Fehlerfolge (FF) aus der Fehleranalyse.

Für die Risikobewertung werden die Bewertungszahlen B, H und M verwendet:

- **B** Bedeutung der Fehlerfolge,
- **H** Häufigkeit der Fehlerursache in der betrachteten Betriebssituation über die Lebensdauer und
- **M** Monitoring der aufgetretenen Fehlerursache.

Bewertung der Bedeutung (B)

Die Bewertung in 10 Stufen ist identisch mit der Bedeutung der Design-FMEA. Die Bedeutung 10 steht für sicherheitsrelevante oder gesetzliche und behördliche Vorgaben ungeachtet von Warnhinweisen. Die Bedeutung 9 steht für die Nichteinhaltung von gesetzlichen und behördlichen Vorgaben.

Bewertung der Häufigkeit (H)

Die Bewertung für die Häufigkeit ersetzt die Bewertung für das Auftreten in der Design-FMEA. In der FMEA-MSR wird die Häufigkeit einer Fehlerursache in einer Betriebssituation bewertet.

Monitoring (M)

Die Bewertung für das Monitoring ersetzt die Bewertung für die Entdeckung in der Design-FMEA. In der FMEA-MSR wird mit dem Monitoring die Überwachung und Systemreaktion in einer Betriebssituation betrachtet.

Aufgabenpriorität (AP)

Die Aufgabenpriorität AP der FMEA-MSR wird durch „Hoch“, „Mittel“ und „Niedrig“ bewertet und berücksichtigt Aspekte der Kraftfahrzeugsicherheit.

3.2.2 FMEA-MSR Schritt 6: Optimierung

Die Ergänzung zur FMEA-MSR Optimierung definiert und dokumentiert den Status verschiedener Maßnahmen, die Neubewertung der Wirksamkeit von Maßnahmen und beschreibt die fortlaufende Verbesserung.

Bewertungstabellen FMEA-MSR

Die Bewertungstabellen FMEA-MSR aus dem „AIAG & VDA FMEA-Handbuch“ ist identisch mit der Bild 21 der DFMEA und unterteilen die Bedeutung in

- Auswirkung
- Kriterien der Bedeutung B

Damit gelten die gleichen Interpretationen des Fraunhofer-Instituts für Produktionstechnik und Automatisierung IPA der Bedeutung B der FMEA-MSR wie in der DFMEA:

- Sicherheit
- Gesetze
- Hauptfunktion
- Komfortfunktion
- Erscheinungsbild, Klang, Vibration, Rauheit oder Haptik
- Keine Auswirkung

Tabelle MSR1 - FMEA-MSR Bedeutung (B)

Bewertung der Bedeutung (B) – Design-FMEA
Bewertung der möglichen Fehlerfolgen nach den untenstehenden Kriterien

B	Auswirkung	Kriterien der Bedeutung (B)	Interpretation
10	Sehr hoch	Auswirkung auf den sicheren Betrieb des Fahrzeugs und/oder anderer Fahrzeuge, die Gesundheit des Fahrers oder der Beifahrer oder anderer Verkehrsteilnehmer	Sicherheit
9		Nichteinhaltung von gesetzlichen oder behördlichen Vorgaben	Gesetze
8	Hoch	Verlust einer für den normalen Fahrzeugbetrieb über die vorgesehene Lebensdauer notwendigen Hauptfunktion	Hauptfunktion
7		Einschränkung einer für den normalen Fahrzeugbetrieb über die vorgesehene Lebensdauer notwendigen Hauptfunktion	
6	Mittel	Verlust einer Komfortfunktion	Komfortfunktion
5		Einschränkung einer Komfortfunktion	
4		Deutlich wahrnehmbare Qualitätsbeeinträchtigung von Erscheinungsbild, Klang, Vibrationen, Rauheit oder Haptik	
3	Niedrig	Mäßig wahrnehmbare Qualitätsbeeinträchtigung von Erscheinungsbild, Klang, Vibrationen, Rauheit oder Haptik	Erscheinungsbild, Klang, Vibration, Rauheit oder Haptik
2		Geringfügig wahrnehmbare Qualitätsbeeinträchtigung von Erscheinungsbild, Klang, Vibrationen, Rauheit oder Haptik	
1	Keine	Keine wahrnehmbare Auswirkung	Keine Auswirkung

Hinweis: **Die Tabelle ist identisch mit der Tabelle D1 – DFMEA Bedeutung (B).**

Quelle: AIAG & VDA FMEA-Handbuch   Quelle: FhG IPA Stuttgart

Bild 3.4 Tabelle MSR1 – Bedeutung (B) der FMEA-MSR identisch mit DFMEA

Die Häufigkeit in der FMEA-MSR des „AIAG & VDA FMEA-Handbuchs“ betrachtet:

- Geschätzte Häufigkeit
- Kriterien der Häufigkeit (H) - FMEA-MSR

In Anlehnung an die DFMEA ergibt sich die Interpretation zu:

- Häufige Fehlerursache
- Wahrscheinliche Fehlerursache
- Häufige erwartete Fehlerursache
- Weniger häufige Fehlerursache
- Gelegentliche Fehlerursache
- Seltene Fehlerursache
- Einzelfälle, mindestens ein Vorkommnis
- Voraussichtlich keine Fehlerursache
- Keine Fehlerursache

Tabelle MSR2 - FMEA-MSR Häufigkeit (H)

Bewertung der Häufigkeit (H) – FMEA-MSR Ergänzung
Kriterien der Häufigkeit (H) des geschätzten Auftretens der Fehlerursache in den entsprechenden Betriebssituationen während der erwarteten Lebensdauer des Fahrzeugs.

H	Geschätzte Häufigkeit	Kriterien der Häufigkeit (H)– FMEA-MSR	Interpretation
10	Extrem hoch oder nicht bestimmbar	Häufigkeit des Auftretens ist unbekannt oder während der erwarteten Fahrzeuglebensdauer inakzeptabel hoch.	Häufige Fehlerursache
9	Hoch	Fehlerursache tritt wahrscheinlich während der erwarteten Fahrzeuglebensdauer auf.	Wahrscheinliche Fehlerursache
8		Fehlerursache tritt möglicherweise häufig während der erwarteten Fahrzeuglebensdauer auf.	Häufige erwartete Fehlerursache
7	Mittel	Fehlerursache tritt möglicherweise häufiger während der erwarteten Fahrzeuglebensdauer auf.	Häufig erwartete Fehlerursache
6		Fehlerursache tritt möglicherweise weniger häufig während der erwarteten Fahrzeuglebensdauer auf.	Weniger häufige Fehlerursache
5		Fehlerursache tritt möglicherweise gelegentlich während der erwarteten Fahrzeuglebensdauer auf.	Gelegentliche Fehlerursache
4	Niedrig	Fehlerursache tritt möglicherweise selten während der erwarteten Fahrzeuglebensdauer auf. Voraussichtlich mindestens zehn Vorkommnisse im Feld.	Seltenes Fehlerursache
3	Sehr niedrig	Die Fehlerursache tritt voraussichtlich in Einzelfällen während der erwarteten Fahrzeuglebensdauer auf. Voraussichtlich mindestens ein Vorkommnis im Feld.	Einzelfälle, mindestens ein Vorkommnis
2	Extrem niedrig	Die Fehlerursache tritt voraussichtlich während der erwarteten Fahrzeuglebensdauer nicht auf. Eine Begründung erfolgt auf Basis von Vermeidungs- und Entdeckungsmaßnahmen und Felderfahrung mit ähnlichen Bauteilen. Einzelfälle können nicht ausgeschlossen werden. Ein Nachweis liegt nicht vor.	Voraussichtlich keine Fehlerursache
1	Ausgeschlossen	Fehlerursache kann während der erwarteten Fahrzeuglebensdauer nicht auftreten oder ist praktisch ausgeschlossen. Nichtauftreten des Fehlers ist nachgewiesen. Begründung ist dokumentiert.	Keine Fehlerursache

Prozentualer Zeitanteil der relevanten Betriebsbedingungen im Vergleich zur Gesamtbetriebszeit	Wert, um den H verringert werden kann
< 10 %	1
< 1 %	2

HINWEIS:	**Die Wahrscheinlichkeit steigt mit der Anzahl der Fahrzeuge.** **Der Referenzwert für die Schätzung ist eine Million Fahrzeuge im Feld.**

Quelle: AIAG & VDA FMEA-Handbuch Eigene Erweiterung

Bild 3.5 Tabelle MSR2 – Häufigkeit (H) FMEA-MSR

Das „AIAG & VDA FMEA-Handbuchs“ bewertet das Monitoring M nach

- Wirksamkeit der Monitoring-Maßnahmen und der Systemreaktion
- Monitoring/Kriterien für Sinneswahrnehmung
- Systemreaktion/Kriterien für menschliche Reaktion

In Anlehnung an die DFMEA ergibt sich die Interpretation zu:

- Sinneswahrnehmung Erkennung

  Keine Erkennung innerhalb der Fehlertoleranzzeit

  Keine Erkennung, minimale Diagnosedeckungsgrad

  Erkennung in wenigen Situationen, Diagnosedeckungsgrad < 60 %

  Geringe Erkennung innerhalb der Fehlertoleranzzeit, Diagnosedeckungsgrad > 60 %

  Erkennung während des Einschaltvorgangs, Diagnosedeckungsgrad > 90 %

  Erkennung innerhalb der Fehlertoleranzzeit, Diagnosedeckungsgrad 90 % bis 97 %

  Erkennung innerhalb der Fehlertoleranzzeit, Diagnosedeckungsgrad > 97 %

  Erkennung innerhalb der Fehlertoleranzzeit, Diagnosedeckungsgrad > 99 %

  Erkennung innerhalb der Fehlertoleranzzeit, Diagnosedeckungsgrad > 99,9 %

  Erkennung immer automatisch,

  Diagnosedeckungsgrad > 99,9 %

- System-/menschliche Reaktion

  Keine Reaktion innerhalb der Fehlertoleranzzeit

  Reaktion nicht zuverlässig innerhalb der Fehlertoleranzzeit

  Reaktion nicht immer innerhalb der Fehlertoleranzzeit

  Geringe Reaktion innerhalb der Fehlertoleranzzeit

  Reaktion auf den Fehler in vielen Situationen

  Reaktion in vielen Situationen

  Reaktion in den meisten Situationen

  Automatische Reaktion meistens innerhalb der Fehlertoleranzzeit

  Automatische Reaktion innerhalb der Fehlertoleranzzeit

  Reaktion immer innerhalb der Fehlertoleranzzeit

Tabelle MSR3 - FMEA-MSR Monitoring (M)

Bewertung des Monitoring (M) – FMEA-MSR Ergänzung

Kriterien für Monitoring (M) der Fehlerursachen, Fehlerarten und Fehlerfolgen im Kundenbetrieb. Verwendung der Bewertungszahl, die dem am wenigsten wirksamen Kriterium (Monitoring oder Systemreaktion) entspricht.

M	Wirksamkeit der Monitoring-Maßnahmen und der Systemreaktion	Monitoring/Kriterien für Sinneswahrnehmung
10	Unwirksam	Der Fehler kann nicht oder nicht innerhalb der Fehlertoleranzzeit durch das System, den Fahrer, Beifahrer oder einen Servicetechniker erkannt werden.
9	Sehr niedrig	Der Fehler kann in relevanten Betriebssituationen fast nie erkannt werden. Überwachungsmaßnahme mit niedriger Wirksamkeit, hoher Varianz oder hoher Unsicherheit. Minimale Diagnosedeckungsgrad.
8	Niedrig	Der Fehler kann in nur wenigen relevanten Betriebssituationen erkannt werden. Überwachungsmaßnahme mit niedriger Wirksamkeit, hoher Varianz oder hoher Unsicherheit. Geschätzter Diagnosedeckungsgrad < 60%.
7	Mäßig niedrig	Geringe Wahrscheinlichkeit der Entdeckung des Fehlers durch das System oder den Fahrer innerhalb der Fehlerbehandlungszeit. Überwachungsmaßnahme mit niedriger Wirksamkeit, hoher Varianz oder hoher Unsicherheit. Geschätzter Diagnosedeckungsgrad > 60%.
6	Mittel	Der Fehler wird vom System oder Fahrer automatisch nur während des Einschaltvorgangs mit mittlerer Varianz innerhalb des Entdeckungs-zeitraums entdeckt. Geschätzter Diagnosedeckungsgrad > 90%.
5	Mittel	Der Fehler wird vom System automatisch innerhalb der Fehlertoleranzzeit mit mittlerer Varianz im Entdeckungszeitraum oder vom Fahrer in sehr vielen Betriebssituationen entdeckt. Geschätzter Diagnosedeckungsgrad zwischen 90% und 97%.
4	Mäßig hoch	Der Fehler wird vom System automatisch innerhalb der Fehlertoleranzzeit mit mittlerer Varianz im Entdeckungszeitraum oder vom Fahrer in den meisten Betriebssituationen entdeckt. Geschätzter Diagnosedeckungsgrad > 97%.
3	Hoch	Der Fehler wird vom System automatisch innerhalb der Fehlertoleranzzeit mit sehr geringer Varianz im Entdeckungszeitraum und hoher Wahrscheinlichkeit entdeckt. Geschätzter Diagnosedeckungsgrad > 99%.
2	Sehr hoch	Der Fehler wird vom System automatisch innerhalb der Fehlertoleranzzeit mit sehr geringer Varianz im Entdeckungszeitraum und sehr hoher Wahrscheinlichkeit entdeckt. Geschätzter Diagnosedeckungsgrad > 99,9%.
1	Zuverlässig und akzeptabel für die Eliminierung der ursprünglichen Fehlerfolge	Der Fehler wird vom System immer automatisch entdeckt. Geschätzter Diagnosedeckungsgrad signifikant > 99,9%.

Quelle: AIAG & VDA FMEA-Handbuch

Bild 3.6 Tabelle MSR3 – Monitoring (M) FMEA-MSR

M	Wirksamkeit der Monitoring-Maßnahmen und der Systemreaktion	Systemreaktion/Kriterien für menschliche Reaktion
10	Unwirksam	Keine Reaktion innerhalb der Fehlertoleranzzeit
9	Sehr niedrig	Die Reaktion durch das System oder den Fahrer tritt möglicherweise nicht zuverlässig innerhalb der Fehlertoleranzzeit auf. Es ist möglicher- weise nicht sichergestellt, dass die Reaktion durch das System oder den Fahrer innerhalb der Fehlertoleranzzeit erfolgt.
8	Niedrig	Die Reaktion durch das System oder den Fahrer erfolgt möglicherweise nicht immer innerhalb der Fehlertoleranzzeit
7	Mäßig niedrig	Geringe Wahrscheinlichkeit der Reaktion durch das System oder den Fahrer auf den entdeckten Fehler innerhalb der Fehlertoleranzzeit
6	Mittel	Das automatische System oder der Fahrer können in vielen Betriebssituationen auf den entdeckten Fehler reagieren.
5	Mittel	Das automatische System oder der Fahrer können in sehr vielen Betriebssituationen auf den entdeckten Fehler reagieren.
4	Mäßig hoch	Das automatische System oder der Fahrer können in den meisten Betriebssituationen auf den entdeckten Fehler reagieren.
3	Hoch	Das System reagiert in den meisten Betriebssituationen automatisch innerhalb der Fehlertoleranzzeit mit sehr geringer Varianz in der Systemreaktionszeit und hoher Wahrscheinlichkeit auf den entdeckten Fehler.
2	Sehr hoch	Das System reagiert automatisch innerhalb der Fehlertoleranzzeit mit sehr geringer Varianz in der Systemreaktionszeit und sehr hoher Wahrscheinlichkeit auf den entdeckten Fehler.
1	Zuverlässig und akzeptabel für die Eliminierung der ursprünglichen Fehlerfolge	Das System reagiert immer automatisch innerhalb der Fehlertoleranzzeit auf den entdeckten Fehler.

Bild 3.6 Tabelle MSR3 – Monitoring (M) FMEA-MSR *(Fortsetzung)*

M	Wirksamkeit der Monitoring-Maßnahmen und der Systemreaktion	Interpretation Sinneswahrnehmung Erkennung	System-/menschliche Reaktion
10	Unwirksam	Keine Erkennung innerhalb der Fehlertoleranzzeit	Keine Reaktion innerhalb der Fehlertoleranzzeit
9	Sehr niedrig	Keine Erkennung, minimale Diagnosedeckungsgrad	Reaktion nicht zuverlässig innerhalb der Fehlertoleranzzeit
8	Niedrig	Erkennung in wenigen Situationen, Diagnosedeckungsgrad < 60%	Reaktion nicht immer innerhalb der Fehlertoleranzzeit
7	Mäßig niedrig	Geringe Erkennung innerhalb der Fehlertoleranzzeit, Diagnosedeckungsgrad > 60%	Geringe Reaktion innerhalb der Fehlertoleranzzeit
6	Mittel	Erkennung während des Einschaltvorgangs, Diagnosedeckungsgrad > 90%	Reaktion auf den Fehler in vielen Situationen
5	Mittel	Erkennung innerhalb der Fehlertoleranzzeit, Diagnosedeckungsgrad 90% bis 97%	Reaktion in vielen Situationen
4	Mäßig hoch	Erkennung innerhalb der Fehlertoleranzzeit, Diagnosedeckungsgrad > 97%	Reaktion in den meisten Situationen
3	Hoch	Erkennung innerhalb der Fehlertoleranzzeit, Diagnosedeckungsgrad > 99%	Automatische Reaktion meistens innerhalb der Fehlertoleranzzeit
2	Sehr hoch	Erkennung innerhalb der Fehlertoleranzzeit, Diagnosedeckungsgrad > 99,9%	Automatische Reaktion innerhalb der Fehlertoleranzzeit
1	Zuverlässig und akzeptabel für die Eliminierung der ursprünglichen Fehlerfolge	Erkennung immer automatisch,Diagnosedeckungsgrad > 99,9%	Reaktion immer innerhalb der Fehlertoleranzzeit

Eigene Erweiterung

Bild 3.6 Tabelle MSR3 – Monitoring (M) FMEA-MSR *(Fortsetzung)*

Systemrisiken der FMEA-MSR durch die Einzelbewertungen erkennen und daraus wird die Aufgabenpriorität (AP) ermittelt.

- Maßnahmenpriorität Hoch (H)
  - Es **sind** angemessene Maßnahme zu definieren, um das Auftreten zu reduzieren und die Entdeckung zu erhöhen, **oder** zu entscheiden und dokumentieren, warum die bisherigen Maßnahmen ausreichend sind.
- Maßnahmenpriorität Mittel (M)
  - Es sollten angemessene Maßnahme definiert werden, um das Auftreten zu reduzieren und die Entdeckung zu erhöhen oder nach eigenem Ermessen zu entscheiden und zu dokumentieren, warum die bisherigen Maßnahmen ausreichend sind.
- Maßnahmenpriorität Niedrig (N)
  - Das Team **kann**, um das Auftreten und die Entdeckung zu verbessern, Maßnahmen definieren.

Bei einer Bedeutung der Fehlerfolge mit B = 10 (Sicherheit) und B = 9 (gesetzliche und behördliche Vorgaben) mit hoher oder mittlerer Aufgabenpriorität sollte eine Begutachtung durch das Management erfolgen.

Die Aufgabenpriorität dient der Priorisierung der Maßnahmen zur Risikoreduzierung.

Die Aufgabenpriorität ist keine Priorisierung der Risiken!

AP-Tabelle MSR		M						
B	H	1 - 2	3	4	5	6	7 - 8	9 - 10
10	5 - 10	H	H	H	H	H	H	H
	4	M	H	H	H	H	H	H
	3	N	M	H	H	H	H	H
	2	N	N	M	M	M	M	M
9	2 - 10	H	H	H	H	H	H	H
7 - 8	6 - 10	H	H	H	H	H	H	H
	5	M	M	M	H	H	H	H
	4	N	N	M	M	M	H	H
	3	N	N	N	N	N	M	H
	2	N	N	N	N	N	M	M
6	7 - 10	H	H	H	H	H	H	H
	5 - 6	M	M	M	M	H	H	H
	4	N	N	N	N	N	M	H
	2 - 3	N	N	N	N	N	N	M
4 - 5	7 - 10	H	H	H	H	H	H	H
	5 - 6	M	M	M	M	H	H	H
	2 - 4	N	N	N	N	N	M	H
2 - 3	7 - 10	H	H	H	H	H	H	H
	5 - 6	N	N	N	N	N	M	M
	2 - 4	N	N	N	N	N	N	N
2 - 10	1	N	N	N	N	N	N	N
1	2 - 10	N	N	N	N	N	N	N

HINWEIS 1: Wenn M = 1 ist, wird die Bedeutung der weniger schwerwiegender Fehlerfolge aufgrund der Fehlerentdeckung für die Bestimmung der FMEA-MSR-Aufgabenpriorität verwendet. Wenn M ungleich 1 ist, wird die Bedeutung der ursprünglichen Fehlerfolge für die Bestimmung der FMEA-MSR-Aufgabenpriorität verwendet.

HINWEIS 2: Wenn in der FMEA-MSR mit M=1 bewertet wurde, wird in der DFMEA die Aufgabenpriorität unter Berücksichtigung der Bedeutung der Fehlerfolge mit der geringeren Bedeutung bestimmt. Aufgrund der zuverlässigen Fehlerentdeckung wird die Bedeutung der ursprünglichen Fehlerfolge nicht verwendet.

Quelle: AIAG & VDA FMEA-Handbuch

Bild 3.7 Tabelle AP – Aufgabenpriorität FMEA-MSR

Das Formblatt FMEA-MSR (Vorlage) wird in der kompakten Ansicht C dargestellt.

Das FMEA-Handbuch zeigt drei DFMEA-Vorlagen:

- Formblatt H: Standard-FMEA-MSR-Formblatt

  Unterstützung der 7 Schritte
- Ansicht C: FMEA-MSR-Softwareansicht

FMEA-MSR Fehler-Möglichkeits- und Einfluss-Analyse

1.Schritt: PLANUNG UND VORBEREITUNG		
Unternehmen:	DFMEA-Projekt:	Seite von
Entwicklungsstandort:	DFMEA-Startdatum:	DFMEA-ID:
Kunde:	DFMEA-Revisionsdatum:	Design-Verantwortung:
Modeljahr(e)/Programm(e):	Interdisziplinäres Team:	Vertraulichkeitsstufe:

2. Schritt: STRUKTURANALYSE		
1. System	2. Baugruppe	3. Komponente

3. Schritt: FUNKTIONSANALYSE		
1. Funktion und Anforderung	2. Funktion und Anforderung	3. Funktion und Anforderung /Merkmal

4. Schritt: FEHLERANALYSE			
1. Fehlerfolgen (FF)	Bedeutung (B) der FF	2. Fehlerart (FA)	3. Fehlerursache (FU)

5.Schritt: RISIKOANALYSE												
Vermeidungs-maßnahmen (VM) für FU	Auftreten (A) der FU	Entdeckungsmaßnahmen (EM) für FU oder FA	Entdeckung (E) für FU/FA	DFMEA AP	DFMEA AP	Filtercode (optional)	Name des Verantwortlichen	Geplantes Fertigstellungsdatum	Status	Ergriffene Maßnahmen mit Nachweis	Fertigstellungsdatum	Bemerkungen
Anfangsstand:												
6.Schritt: OPTIMIERUNG												
Änderungsstand:												

5.Schritt: FMEA-MSR RISIKOANALYSE												
Grund für die Häufigkeit	Häufigkeit (H) der FU	Vorhandenes Monitoring und Systemreaktion	Monitoring (M)	Severity (S) of FE after MSR	FMEA-MSR AP	Filtercode (optional)	Name des Verantwortlichen	Geplantes Fertigstellungsdatum	Status	Ergriffene Maßnahmen mit Nachweis	Fertigstellungsdatum	Bemerkungen
5.Schritt: FMEA-MSR RISIKOANALYSE												
Anfangsstand:												
6.Schritt: FMEA-MSR Optimierung												
Änderungsstand:												

Bild 3.8 Formblatt FMEA-MSR (Vorlage Ansicht C)

4 Praxisbeispiel Design-FMEA

WORUM GEHT ES?

Diese „7 Schritte der FMEA“ werden in der DFMA am Beispiel „Fahrrad“ dargestellt.

WAS BRINGT ES UND WIE GEHE ICH VOR?

Die Vorgehensweise der „7 Schritte der FMEA“ bei einer Design-FMEA wird am Beispiel „Fahrrad“ dargestellt. Das Beispiel ist nicht vollständig und dient ausschließlich zum Verdeutlichen der methodischen Vorgehensweise.

■ 4.1 DFMEA 1. Schritt: Vorbereitung und Planung

Planung der DFMEA

Ein Projektplan wird erstellt. Die wesentlichen Meilensteine sind:

KW 1:	Designkonzept erstellen
KW 2:	Produkt entwickeln, DFMEA starten
KW 3:	Maßnahmen umsetze Wirksamkeit bewerten Designkonzept freigeben
KW 4:	Designspezifikationen freigeben
KW 5:	DFMEA abschließen und freigeben
KW 6:	Produkt freigeben

DFMEA-Projekt-Daten

- Unternehmen: Komponenten GmbH
- Entwicklungsstandort: München
- Kunde: Fahrrad AG
- Modelljahr(e)/Programm(e): Modell Silber
- DFMEA-Projekt: Glocke
- DFMEA-Startdatum: KW 1
- DFMEA-Revisionsdatum: offen
- Interdisziplinäres Team: Peter Projektleiter, Fritz Versuch, Martin FMEA-Methodiker
- DFMEA-ID: 1712 Glocke
- Entwicklungsverantwortung: Heinz Konstrukteur
- Vertraulichkeitsstufe: intern

Klärung der „5 Z“

Zweck: In dieser DFMEA wird die Konstruktion einer „Glocke“ für ein „Fahrrad“ betrachtet. Die Forderungen an die „Glocke“ sind universales Design, Befestigung am „Lenker“, witterungsbeständig und kostengünstig,

Zeitrahmen: Die DFMEA ist in 6 Wochen abzuschließen.

TeamZuordnung: Teammitglieder sind der Projektleiter, der verantwortliche Konstrukteur, der Versuchsplaner und der FMEA-Methodiker. Weitere Mitglieder werden nach Projektfortschritt benannt, z.B. Musterbau.

AufgabenZuweisung: Die Aufgaben ergeben sich aus der Funktionsbeschreibung der Teammitglieder.

WerkZeug: Die FMEA wird in Teamsitzungen und einem FMEA-Softwareprogramm durchgeführt.

Vorbereitung der DFMEA

Informationen zusammenstellen: Lastenhefte, Zeichnungen, Funktionsbeschreibungen, gesetzliche und behördliche Vorgaben, Kundenvorschriften, FMEA-Bewertungstabellen

4.2 DFMEA 2. Schritt: Strukturanalyse

Strukturbaum DFMEA

Betrachtet wird nur der in Bild 4.1 gekennzeichnete Funktionsbereich. Nur die im Beispiel betrachteten Pfade sind weiterentwickelt. Sie beginnen beim SE „Fahrrad“. Der Pfad führt vom Systemelement „Fahrrad“ über „Glocke“ und „Hebel“ zu „Merkmale Hebel“.

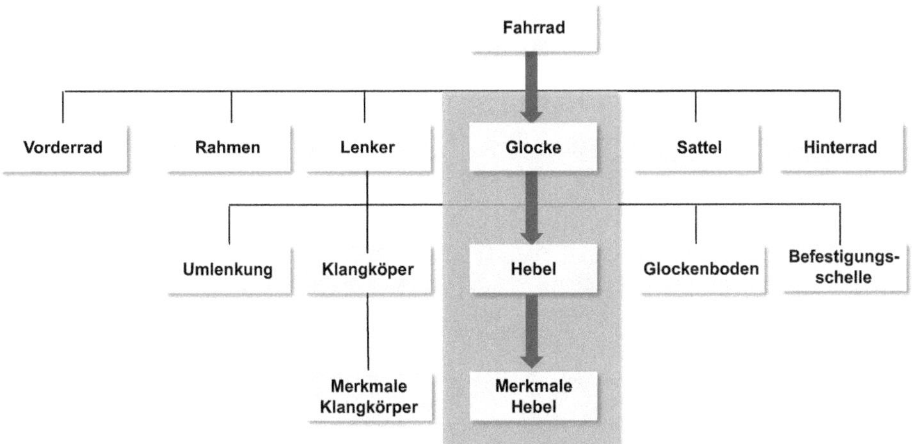

Bild 4.1 DFMEA Strukturbaum SE „Fahrrad“

Block-/Boundary-Diagramm

Bild 4.2 stellt das Block-/Boundary-Diagramm „Fahrrad“ dar.

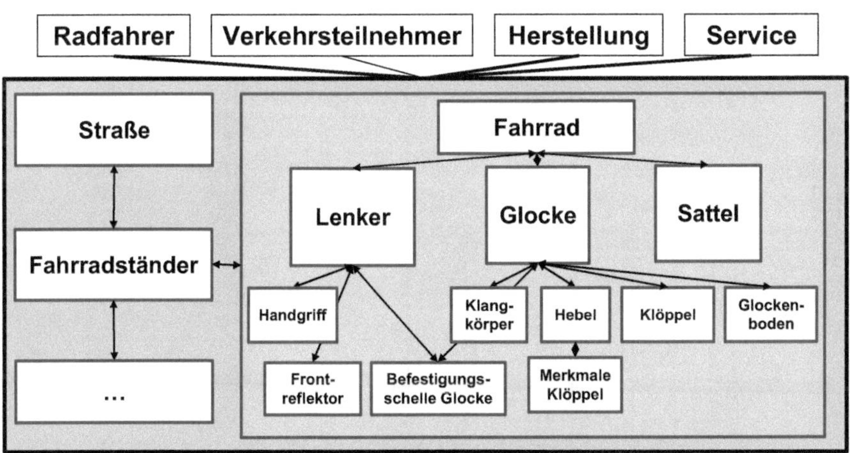

Bild 4.2 DFMEA Block-/Boundary-Diagramm SE „Fahrrad“

4.3 DFMEA 3. Schritt: Funktionsanalyse

Parameter-Diagramm (P-Diagramm) Design

Das P-Diagramm des SE „Glocke“ der Funktion „Warnton erzeugen“ identifiziert sämtliche Einflüsse, inkl. der Stör- und Steuergrößen (Bild 4.3).

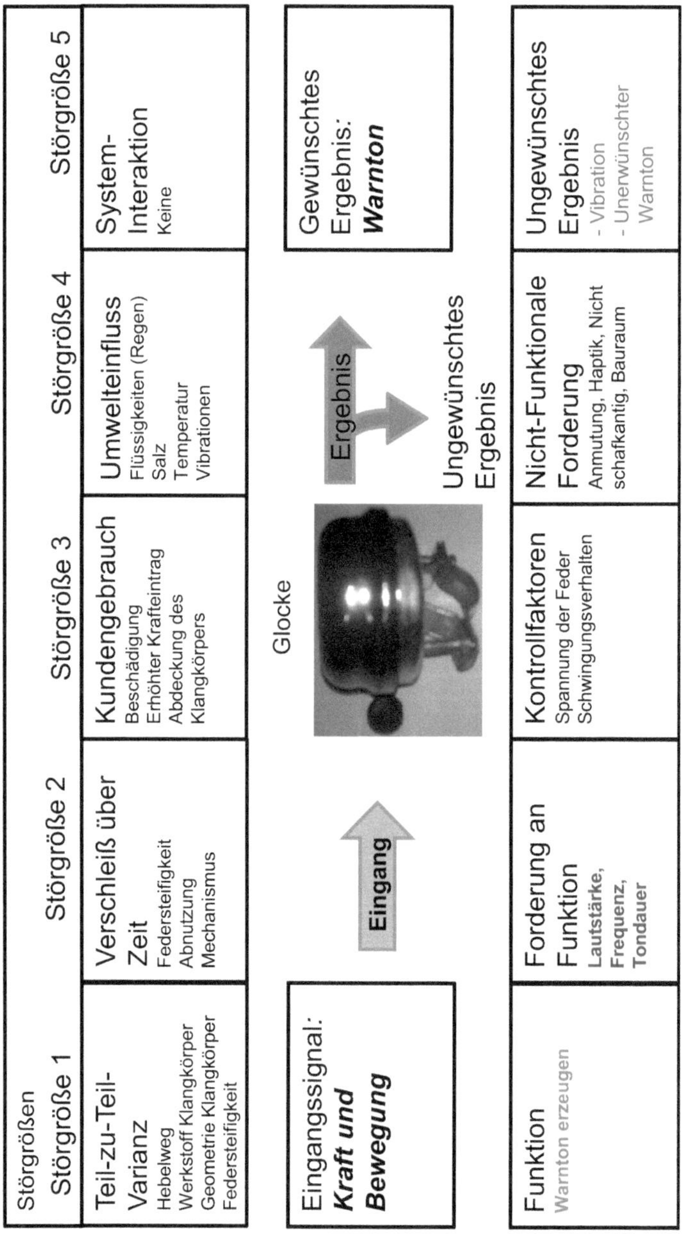

Störgrößen

Störgröße 1
Teil-zu-Teil-Varianz
Hebelweg
Werkstoff Klangkörper
Geometrie Klangkörper
Federsteifigkeit

Störgröße 2
Verschleiß über Zeit
Federsteifigkeit
Abnutzung
Mechanismus

Störgröße 3
Kundengebrauch
Beschädigung
Erhöhter Krafteintrag
Abdeckung des Klangkörpers

Störgröße 4
Umwelteinfluss
Flüssigkeiten (Regen)
Salz
Temperatur
Vibrationen

Störgröße 5
System-Interaktion
Keine

Eingangssignal: ***Kraft und Bewegung***

Eingang

Glocke

Ergebnis

Ungewünschtes Ergebnis

Gewünschtes Ergebnis: ***Warnton***

Funktion
Warnton erzeugen

Forderung an Funktion
Lautstärke, Frequenz, Tondauer

Kontrollfaktoren
Spannung der Feder
Schwingungsverhalten

Nicht-Funktionale Forderung
Anmutung, Haptik, Nicht schafkantig, Bauraum

Ungewünschtes Ergebnis
- Vibration
- Unerwünschter Warnton

Bild 4.3 DFMEA P-Diagramm SE „Glocke“

Funktionsstruktur Design

Für den betrachteten Pfad wird beispielhaft für das SE „Glocke" aus den Funktionsbeschreibungen eine Funktionsstruktur erstellt. Hier sind nur einige Funktionen innerhalb einer definierten Systemgrenze wiedergegeben (Bild 4.4).

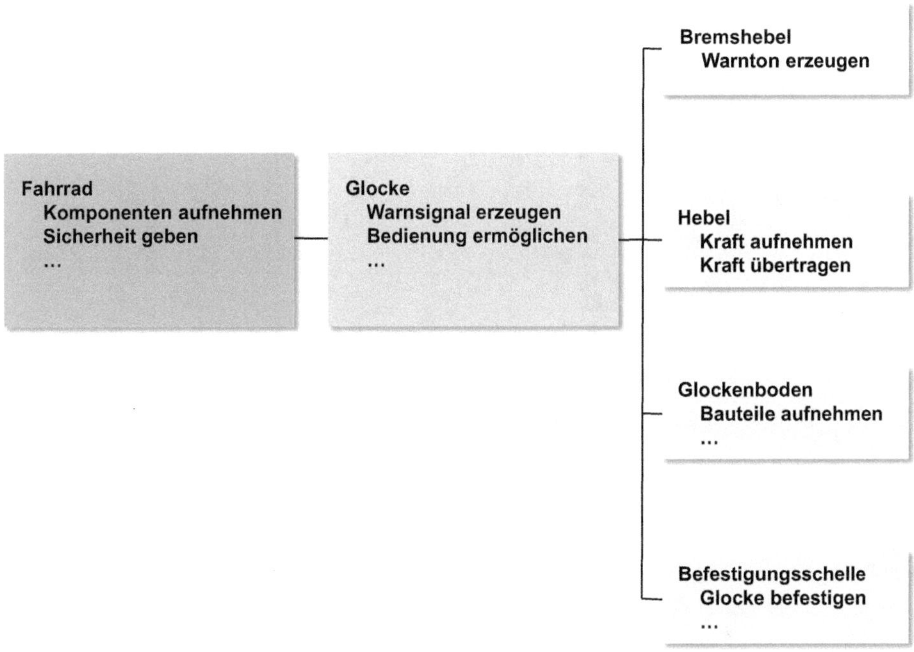

Bild 4.4 DFMEA Funktionsstruktur SE „Glocke"

■ 4.4 DFMEA 4. Schritt: Fehleranalyse

Fehlerstruktur Design

Die Systemanalyse ist die notwendige Vorarbeit für die Erstellung von strukturierten und vernetzten Design-FMEAs für das SE „Fahrrad". Bei der Design-FMEA werden aus den untersuchten Funktionen der Systemelemente die möglichen Fehlfunktionen abgeleitet und zu Fehlfunktionsstrukturen vernetzt.

Für das SE „Glocke" soll nun exemplarisch eine Design-FMEA im System „Fahrrad" erstellt werden. Für das SE „Glocke" werden nun die unterschiedlichen Fehlfunktionen beschrieben.

Hierbei werden die jeweiligen Funktionen negiert bzw. Teilfehlfunktionen definiert. Bild 4.5 gibt einen Auszug der möglichen Fehlfunktionen wieder.

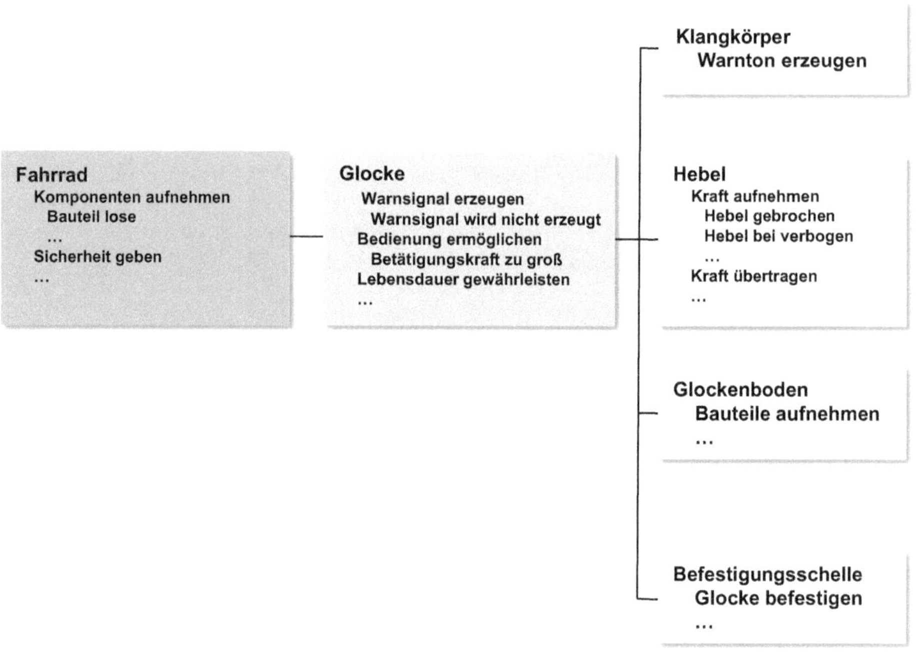

Bild 4.5 DFMEA Fehlerstruktur SE „Fahrrad, Glocke und Komponenten“

Fehleranalyse Design

Die Fehlfunktionen des übergeordneten SE „Fahrrad“ werden als mögliche Fehlerfolge (FF) betrachtet.

Die Fehlfunktionen des SE „Glocke“ werden in der DFMEA als mögliche Fehlerart (FA) betrachtet.

Die Fehlfunktionen der untergeordneten Komponente SE „Hebel“ werden als mögliche Fehlerursache (FU) betrachtet.

Die Fehleranalyse kann in das FMEA-Formblatt eingetragen werden, ein Auszug wird in Bild 4.6 gezeigt.

DFMEA Glocke		
1. Fehlerfolgen (FF)	2. Fehlerart (FA)	3.Fehlerursache (FU)
DFMEA 2.Schritt: STRUKTURBAUM		
Fahrrad	Glocke	Hebel
DFMEA 3. Schritt: FUNKTIONSANALYSE		
Komponenten aufnehmen	Warnsignal erzeugen	Kraft aufnehmen
DFMEA 4. Schritt: FEHLERANALYSE		
Bauteil lose	Warnsignal nicht erzeugt	Hebel gebrochen

Bild 4.6 DFMEA Fehleranalyse SE „Glocke“ (Auszug)

Für jedes andere SE der Systemstruktur kann in gleicher Weise verfahren werden. Werden die Komponenten analysiert, so werden die Fehlerursachen auf der Merkmalsebene betrachtet.

4.5 DFMEA 5. Schritt: Risikoanalyse

In den Tabellen D1, D2 und D3 (Bild 2.14, Bild 2.15 und Bild 2.16) in Kapitel 2.5.1 sind die Bewertungstabellen zur Design-FMEA für die Bedeutung, Auftreten und Entdeckung dargestellt.

Bedeutung (B)

Fehlerfolgen werden bis zum Gesamtsystem „Fahrrad" betrachtet und ihre Auswirkungen für den Endverbraucher bewertet. Die B-Bewertung im Formblatt erfolgt entsprechend DFMEA Tabelle D1, Bild 2.14 Abschnitt 2.5.1.

Vermeidungsmaßnahmen (VM)

Für jede denkbare Fehlerursache werden die zum Untersuchungszeitpunkt bereits durchgeführten Vermeidungsmaßnahmen aufgezeigt. Vermeidungsmaßnahmen der Design-FMEA sind konstruktive Maßnahmen, die das Auftreten von Fehlerursachen in der Entwicklungsphase minimieren bzw. zur Erreichung der technischen Zuverlässigkeit dienen. Sie werden in der Formblattspalte „Vermeidungsmaßnahmen" eingetragen.

Beispiele zu Vermeidungsmaßnahmen bei der Design-FMEA

- EMV-Richtlinien
- Vorversuche
- Simulation
- Toleranzrechnung
- bewährte Toleranzen
- konstruktive Abstimmungen

Auftreten (A)

Unter Berücksichtigung aller aufgelisteten Vermeidungsmaßnahmen wird für jede Fehlerursache anhand von DFMEA Tabelle D2, Bild 2.15 Kapitel 2.5.1, die Bewertungszahl A für das Auftreten bestimmt und ins Formblatt eingetragen.

Entdeckungsmaßnahmen (EM)

Die zwei Entdeckungsmaßnahmen der Design-FMEA sind:

- Entdeckungsmaßnahmen während der Entwicklung. Dies sind Berechnungen und Erprobungen, die an einem Konzept oder an einem Prototyp schon während der Entwicklung mögliche Fehlerursachen aufzeigen oder verifizieren.
- Entdeckungsmaßnahmen durch das Produkt (System) selbst oder durch den Betreiber (interner und externer Kunde). Sie erkennen die im Betrieb aufgetretenen Fehlerursachen (z. B. Verschleißausfälle). Damit können weitere schwere Fehlerfolgen vermieden werden.

Entdeckungsmaßnahmen werden in die Formblattspalte „Entdeckungsmaßnahmen" eingetragen.

Entdeckung (E)

Für jede betrachtete Fehlerursache werden die zum Untersuchungszeitpunkt bereits durchgeführten Entdeckungsmaßnahmen aufgezeigt. Hierzu gehören auch Entdeckungsmaßnahmen für die aus den Fehlerursachen resultierenden Fehler bzw. Fehlerfolgen. Unter Berücksichtigung aller aufgelisteten Entdeckungsmaßnahmen für jede Fehlerursache wird anhand von DFMEA Tabelle D3, Bild 2.16 Kapitel 2.5.1, die Bewertungszahl E für die Entdeckung bestimmt und ins Formblatt eingetragen.

Die Bewertungszahl E ist ein Maß für die Entdeckung, mit der die geforderten Funktionen durch Berechnung und Erprobung bereits abgesichert sind.

Beispiele zu Entdeckungsmaßnahmen bei der Design-FMEA

- Klimawechseltest
- Zeichnungsprüfung
- Funktionskontrolle
- regelmäßige Farbbandkontrolle
- Fahrversuche

In Bild 4.7 wird die DFMEA Risikoanalyse SE „Glocke" aufgezeigt.

<table>
<tr><th colspan="10">DFMEA Glocke</th></tr>
<tr><th colspan="3">1. Fehlerfolgen (FF)</th><th colspan="3">2. Fehlerart (FA)</th><th colspan="4">3.Fehlerursache (FU)</th></tr>
<tr><th colspan="10">DFMEA 2.Schritt: STRUKTURBAUM</th></tr>
<tr><td colspan="3">Fahrrad</td><td colspan="3">Glocke</td><td colspan="4">Hebel</td></tr>
<tr><th colspan="10">DFMEA 3. Schritt: FUNKTIONSANALYSE</th></tr>
<tr><td colspan="3">Komponenten aufnehmen</td><td colspan="3">Warnsignal erzeugen</td><td colspan="4">Kraft aufnehmen</td></tr>
<tr><th colspan="4">DFMEA 4. Schritt: FEHLERANALYSE</th><th colspan="6">DFMEA 5. Schritt: RISIKOANALYSE</th></tr>
<tr><th>1. Fehlerfolgen (FF)</th><th>Bedeutung (B) der FF</th><th>2. Fehlerart (FA)</th><th>3. Fehler-ursache (FU)</th><th>Vermeidungs-maßnahmen (VM) für FU</th><th>Auftreten (A) der FU</th><th>Entdeckungs-maßnahmen (EM) für FU oder FA</th><th>Entdeckung (E) für FU/FA</th><th>DFMEA AP</th><th>Filtercode (optional)</th></tr>
<tr><td rowspan="2">Bauteil lose</td><td rowspan="2">10</td><td rowspan="2">Warnsignal nicht erzeugt</td><td rowspan="2">Hebel gebrochen</td><td colspan="6">DFMEA Anfangsstand: KW 02</td></tr>
<tr><td>Bewährter Werkstoff PA 96</td><td>3</td><td>Biegeversuch NA 17.54</td><td>7</td><td>H</td><td></td></tr>
</table>

Bild 4.7 DFMEA Risikoanalyse SE „Glocke“ (Auszug)

4.6 DFMEA 6. Schritt: Optimierung

Bei hohen Bewertungszahlen B, A und E sind Optimierungen erforderlich. Optimierungen können nach der in Bild 4.8 dargestellten Risikomatrix Design erfolgen.

Hohe AP zeigen die Priorität der abzuarbeitenden Maßnahmen an.

Zur Minimierung des Risikos werden die zusätzlichen Maßnahmen beschrieben, und für die Umsetzung wird jeweils ein Verantwortlicher mit Termin für die Erledigung benannt.

Die Risikobewertung wird unter Berücksichtigung der geplanten Maßnahmen durchgeführt, und die neuen Bewertungszahlen für A, E und AP werden in das Formblatt eingetragen. Geplante Maßnahmen können z. B. durch Angabe der Bewertungen zwischen Klammern gekennzeichnet werden.

Die Wirksamkeit der Maßnahmen ist nachzuweisen und durch die Bewertung zu bestätigen.

<table>
<tr><td colspan="10">DFMEA Glocke</td></tr>
<tr><td colspan="2">1. Fehlerfolgen (FF)</td><td colspan="2">2. Fehlerart (FA)</td><td colspan="6">3.Fehlerursache (FU)</td></tr>
<tr><td colspan="10">DFMEA 2.Schritt: STRUKTURBAUM</td></tr>
<tr><td colspan="2">Fahrrad</td><td colspan="2">Glocke</td><td colspan="6">Hebel</td></tr>
<tr><td colspan="10">DFMEA 3. Schritt: FUNKTIONSANALYSE</td></tr>
<tr><td colspan="2">Komponenten aufnehmen</td><td colspan="2">Warnsignal erzeugen</td><td colspan="6">Kraft aufnehmen</td></tr>
<tr><td colspan="4">DFMEA 4. Schritt: FEHLERANALYSE</td><td colspan="6">DFMEA 5. Schritt: RISIKOANALYSE
DFMEA 6. Schritt: OPTIMIERUNG</td></tr>
<tr><td>1. Fehlerfolgen (FF)</td><td>Bedeutung (B) der FF</td><td>2. Fehlerart (FA)</td><td>3. Fehler-ursache (FU)</td><td>Vermeidungs-maßnahmen (VM) für FU</td><td>Auftreten (A) der FU</td><td>Entdeckungs-maßnahmen (EM) für FU oder FA</td><td>Entdeckung (E) für FU/FA</td><td>DFMEA AP</td><td>Filtercode (optional)</td></tr>
<tr><td rowspan="4">Bauteil lose</td><td rowspan="4">10</td><td rowspan="4">Warnsignal nicht erzeugt</td><td rowspan="4">Hebel gebrochen</td><td colspan="6">DFMEA Anfangsstand: KW 02</td></tr>
<tr><td>Bewährter Werkstoff PA 96</td><td>3</td><td>Biegeversuch NA 17.54</td><td>7</td><td>H</td><td></td></tr>
<tr><td colspan="6">DFMEA Änderungsstand: KW 03</td></tr>
<tr><td>Neuer Werkstoff PA 1276</td><td>2</td><td>Biegetest mit vorgealterten Bauteilen nach VA 17.73</td><td>3</td><td>N</td><td></td></tr>
</table>

Bild 4.8 DFMEA Optimierung SE „Glocke“ (Auszug)

Nach der Optimierung werden bei Konzeptänderungen alle 7 Schritte der FMEA neu durchlaufen.

Bei Zuverlässigkeitserhöhungen durch Vermeidungsmaßnahmen oder wirksamerer Entdeckung werden die Schritte Risikoanalyse und Optimierung wiederholt.

Der Eintrag in der V/T-Spalte zeigt offene und entschiedene Punkte der FMEA. In der V/T-Spalte wird die verantwortliche Entwicklungsstelle mit dem entsprechenden Termin für die Erledigung aufgeführt. Nur nach Umsetzung der Maßnahmen kann die V/T-Kennzeichnung entfallen. Der aktuelle Stand wird dadurch ersichtlich.

4.7 DFMEA 7. Schritt: Ergebnisdokumentation

Die Planung und die Ergebnisse einer FMEA werden in einem Bericht zusammengefasst (Bild 4.9). Die Ergebnisdokumentation kann für die Kommunikation intern oder extern verwendet werden. Die Dokumentation ersetzt nicht die vom Management, Kunden oder Lieferanten geforderten Reviews der FMEA-Inhalte.

Die Dokumentation wird entsprechend den Forderungen des Unternehmens, des Lesers und der entsprechenden Interessevertreter erstellt. Details werden zwischen den jeweiligen Parteien vereinbart. Das Layout des Dokuments wird unternehmensspezifisch erstellt und sollte als Bestandteil des Entwicklungsplans und der Projektplanung auf technische Fehlerrisiken hinweisen.

Der Inhalt der Ergebnisdokumentation wird festgelegt und kann umfassen, jedoch nicht abschließend:

- Angaben zum finalen Status
- Abgleich mit den festgelegten Zielen
- Eine Zusammenfassung der hohen Risiken
- Die „5 Z“
- Teilnehmerliste
- Die verwendeten B-, A-, E- und AP-Tabellen
- Zusammenfassung der Maßnahmen mit Maßnahmenstatus
- Erfassung von Lessons Learned in den Familien-FMEAs für künftige Analysen

Design-FMEA Fehler-Möglichkeits- und Einfluss-Analyse

1.Schritt: PLANUNG UND VORBEREITUNG		
Unternehmen: Komponenten GmbH	DFMEA-Projekt: Glocke	Seite von
Entwicklungsstandort: München	DFMEA-Startdatum: KW 02	DFMEA-ID: 1712 Glocke
Kunde: Fahrrad AG	DFMEA-Revisionsdatum: offen	Design-Verantwortung: Heinz Konstrukteur
Modeljahr(e)/Programm(e): Model Silber	Interdisziplinäres Team: Peter Projektleiter, Fritz Versuch, Martin FMEA-	Vertraulichkeitsstufe: intern

2. Schritt: STRUKTURANALYSE		
1. System	2. Baugruppe	3. Komponente
Fahrrad	**Glocke**	**Hebel**
3. Schritt: FUNKTIONSANALYSE		
1. Funktion und Anforderung	2. Funktion und Anforderung	3. Funktion und Anforderung /Merkmal
Komponenten aufnehmen	Warnsignal erzeugen	Kraft aufnehmen

4. Schritt: FEHLERANALYSE				5.Schritt: RISIKOANALYSE												
1. Fehlerfolgen (FF)	**Bedeutung (B) der FF**	**2. Fehlerart (FA)**	**3. Fehlerursache (FU)**	**Vermeidungs-maßnahmen (VM) für FU**	**Auftreten (A) der FU**	**Entdeckungsmaßnahmen (EM) für FU oder FA**	**Entdeckung (E) für FU/FA**	**DFMEA AP**	**Filtercode (optional)**	**Name des Verantwortlichen**	**Geplantes Fertigstellungsdatum**	**Status**	**Ergriffene Maßnahmen mit Nachweis**	**Fertigstellungsdatum**	**Bemerkungen**
Bauteil lose	10	Warnsignal nicht erzeugt	Hebel gebrochen	**Anfangsstand: KW 02**											
				Bewährten Werkstoff PA 96 ausgewählt	**3**	**Biege-versuch nach NA 17.54**	**7**	**H**							
				6.Schritt: OPTIMIERUNG											
				Änderungsstand: KW 03											
				Neuer Werkstoff PA 1276	**2**	**Biegetest mit vor-gealterten Bauteilen nach VA 17.73**	**3**	**N**							

Bild 4.9 Formblatt DFMEA SE „Glocke“ (Auszug)

5 Praxisbeispiel Prozess-FMEA

Mit dem Beispiel „Klöppelherstellung“ wird die Vorgehensweise bei der Prozess-FMEA für Fertigung und Montage gezeigt. Die Vorgehensweise bei einer Prozess-FMEA unterscheidet sich methodisch nicht von der Design-FMEA. Das Vorgehen erfolgt in 7 Schritten.

Der Schwerpunkt beim Beispiel zeigt auf, wie ein Prozess als System strukturiert wird.

Das erforderliche Fachwissen zu ihrer Erstellung liegt in der Fertigungsplanung, der Fertigung und der Qualitätssicherung. Bei der Prozess-FMEA handelt es sich nicht um die Betrachtung von Fehlfunktionen, die aus der konstruktiven Auslegung von Fertigungseinrichtungen herrühren, sondern um ablauforientierte Fehlerursachen, die die spezifikationsgerechte Herstellung von Merkmalen und Eigenschaften verhindern.

5.1 PFMEA 1. Schritt: Vorbereitung und Planung

Planung der PFMEA

Ein Projektplan wird erstellt. Die wesentlichen Meilensteine sind:

KW 4: Produktionskonzept erstellen

KW 5: Prozess entwickeln,
PFMEA starten

KW 6: Maßnahmen umsetzen,
Wirksamkeit bewerten
Produktionskonzept freigeben

KW 7: Prozessspezifikationen freigeben

KW 8: Produktionsvorlauf durchführen

KW 9: Erstmuster herstellen

KW 10: PFMEA abschließen und freigeben

KW 11: Produkt- und Produktionsprozess freigeben

PFMEA-Projektdaten

- Unternehmen: Komponenten GmbH
- Produktionsstandort: München
- Kunde: Fahrrad AG
- Modelljahr(e)/Programm(e): Modell Silber
- Name des DFMEA-Projekts: Glocke, Klöppelherstellung
- DFMEA-Startdatum: KW 4
- DFMEA-Revisionsdatum: offen
- Interdisziplinäres Team: Peter Projektleiter, Fritz Prüfplaner, Martin FMEA-Methodiker
- PFMEA-ID: 1717 Klöppelherstellung
- Entwicklungsverantwortung: Gustav Prozessplaner
- Vertraulichkeitsstufe: intern

Klärung der „5 Z“

Zweck: In dieser PFMEA wird der Prozess der „Klöppelherstellung“ als Zubehör für ein „Fahrrad“ betrachtet. Die Forderungen an die „Glocke“ sind universelles Design, Befestigung am „Lenker“, witterungsbeständig und kostengünstig,

Zeitrahmen: Die DFMEA ist in 8 Wochen mit Freigabe des Produkt- und Produktionsprozesses abzuschließen.

TeamZuordnung: Teammitglieder sind der Projektleiter, der verantwortliche Prozessplaner, der Fertigungsplaner, der Prüfplaner und der FMEA-Methodiker. Weitere Mitglieder werden nach Projektfortschritt benannt, z. B. Anlagenführer, Logistik.

AufgabenZuweisung: Die Aufgaben ergeben sich aus der Funktionsbeschreibung der Teammitglieder.

WerkZeug: Die FMEA wird in Teamsitzungen und einem FMEA-Softwareprogramm durchgeführt.

Vorbereitung der PFMEA

Informationen zusammenstellen: Lastenhefte, Zeichnungen, Funktionsbeschreibungen, gesetzliche und behördliche Vorgaben, Kundenvorschriften, FMEA-Bewertungstabellen

5.2 PFMEA 2. Schritt: Strukturanalyse

Prozessflussdiagramm

Die Voraussetzung für die Prozess-FMEA ist die Systemanalyse. Das ist ein Werkzeug, der Strukturanalyse. Bild 5.1 zeigt das Prozessflussdiagramm.

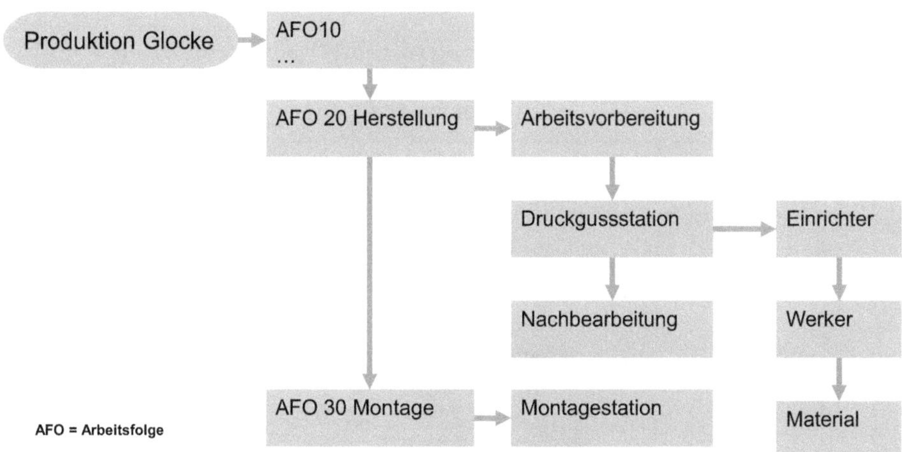

Bild 5.1 PFMEA Prozessflussdiagramm SE „Produktion Glocke" (Auszug)

Strukturbaum PFMEA

Aus der Prozessplanung der Produktion leiten sich die einzelnen Arbeitsfolgen (AFO) und Abläufe ab (Bild 5.2).

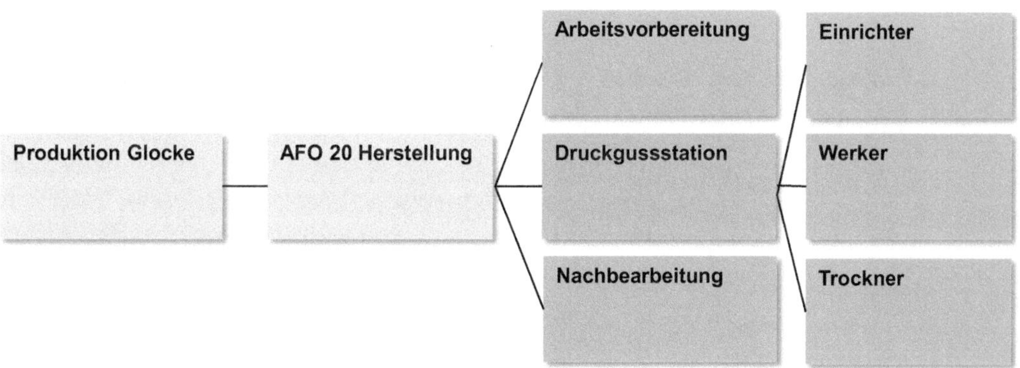

Bild 5.2 PFMEA Strukturbaum SE „Produktion Glocke" (Auszug)

5.3 PFMEA 3. Schritt: Funktionsanalyse

Parameter-Diagramm (P-Diagramm) Prozess

Das P-Diagramm des SE „Hebel“ der Funktion „Hebel gießen“ identifiziert die Einflüsse inkl. der Stör- und Steuergrößen (Bild 5.3).

Als Prozessstörgrößen werden klassisch die 4M (Mensch, Maschine, Material, Milieu) aufgeführt.

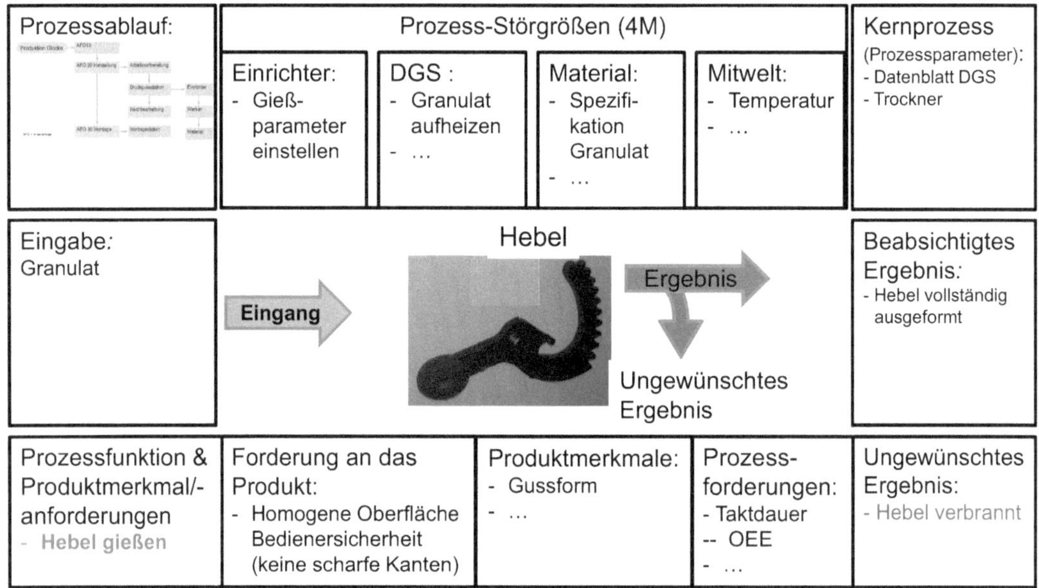

Bild 5.3 PFMEA P-Diagramm SE „Hebel“

Funktionsstruktur Prozess

Zu den einzelnen Arbeitsfolgen werden entsprechend den Formungen die notwendigen Abläufe benannt (Bild 5.4). Es beschreibt exemplarisch die Zuordnung der einzelnen Arbeitsfolgen zum Ablauf der „Klöppelherstellung“. Daraus werden im nächsten Schritt die unterschiedlichen Fehlfunktionen abgeleitet.

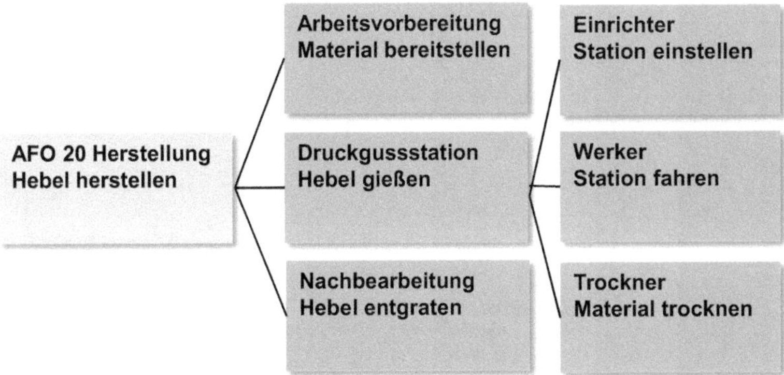

Bild 5.4 PFMEA Ablauf SE „Hebel herstellen" (Auszug)

■ 5.4 PFMEA 4. Schritt: Fehleranalyse

Fehleranalyse Prozess

Ausgehend von den Forderungen werden die notwendigen Abläufe definiert und die möglichen Abweichungen aufgezeigt. Die Fehlfunktionen, d.h. die Nichterfüllung von Forderungen und Aufgaben innerhalb des Prozesses, werden in der FMEA als Fehler betrachtet (Bild 5.5).

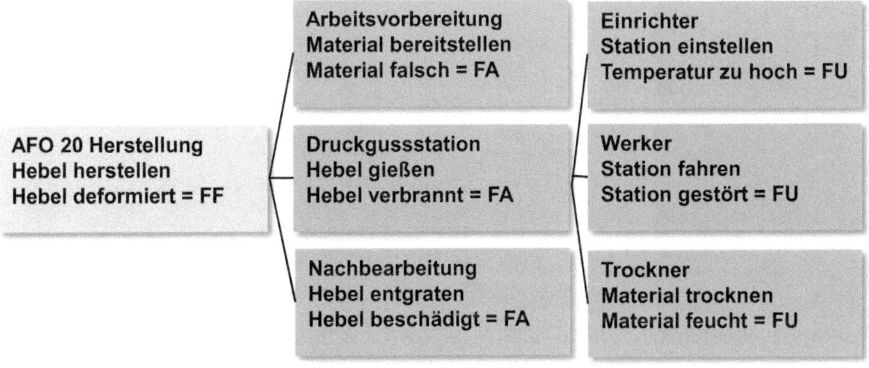

Bild 5.5 PFMEA Fehleranalyse SE „Hebel herstellen" (Auszug)

Fehleranalyse Design

Die Fehlfunktionen des übergeordneten SE „AFO 20 Herstellung" werden als mögliche Fehlerfolge (FF) betrachtet.

Die Fehlfunktionen des SE „Druckgussstation“ werden in der DFMEA als mögliche Fehlerart (FA) betrachtet.

Die Fehlfunktionen der untergeordneten Komponente SE „Werker“ werden als mögliche Fehlerursache (FU) betrachtet.

Die Fehleranalyse kann in das FMEA-Formblatt eingetragen werden, ein Auszug wird in Bild 5.6 gezeigt.

PFMEA Hebel herstellen		
1. Fehlerfolgen (FF)	2. Fehlerart (FA)	3.Fehlerursache (FU)
PFMEA 2.Schritt: STRUKTURBAUM		
AFO 20 Herstellung	Druckgussstation	Werker
PFMEA 3. Schritt: FUNKTIONSANALYSE		
Hebel herstellen	Hebel gießen	Station fahren
PFMEA 4. Schritt: FEHLERANALYSE		
Hebel deformiert	Hebel verbrannt	Station gestört

Bild 5.6 PFMEA Fehleranalyse SE „Hebel herstellen“ (Auszug)

Für jedes andere SE der Systemstruktur kann in gleicher Weise verfahren werden. Werden die Komponenten analysiert, so werden die Fehlerursachen auf der Merkmalsebene betrachtet.

5.5 PFMEA 5. Schritt: Risikoanalyse

In den Tabellen P1, P2 und P3 (Bild 2.18, Bild 2.19 und Bild 2.20) in Kapitel 2.5.2 sind die Bewertungstabellen zur Prozess-FMEA für die Bedeutung, Auftreten und Entdeckung dargestellt.

Bedeutung (B)

Ausgehend von den Fehlern des Prozesses wird untersucht, welche Fehlerfolgen für die Komponenten und damit für den Endverbraucher auftreten werden. Die Bewertungen der Bedeutung werden entsprechend PFMEA Tabelle P1, Bild 2.18 Kapitel 2.5.2 festgelegt.

Die Bewertungsgrundlagen sind intern festzulegen.

Vermeidungsmaßnahmen (VM)

Für die betrachteten Fehlerursachen werden die Vermeidungsmaßnahmen beschrieben, die zum Untersuchungszeitpunkt bereits durchgeführt sind oder gerade durchgeführt werden.

Die Vermeidungsmaßnahmen sind Maßnahmen, die das Auftreten von Fehlerursachen im Prozess minimieren. Diese Maßnahmen werden in die Formblattspalte „Vermeidungsmaßnahmen" eingetragen.

Beispiele zu Vermeidungsmaßnahmen bei der Prozess-FMEA

- Vorrichtung verwenden
- Zweihandbedienung bei Maschinen
- Folgeteil wird aufgesetzt
- formgebundene Lage

Auftreten (A)

Unter Berücksichtigung aller aufgelisteten Vermeidungsmaßnahmen für jede Fehlerursache wird anhand von PFMEA Tabelle P2, Bild 2.19 Kapitel 2.5.2, die Bewertungszahl A für das Auftreten bestimmt und ins Formblatt eingetragen.

Entdeckungsmaßnahmen (EM)

Entdeckungsmaßnahmen sind die zur Absicherung eines Herstellungsprozesses wirksamen Prüfmaßnahmen. Für die möglichen Fehlerursachen der Fehler werden die Entdeckungsmaßnahmen beschrieben, die zum Untersuchungszeitpunkt bereits durchgeführt wurden.

Entdeckungsmaßnahmen sind Maßnahmen, die bereits aufgetretene Fehlerursachen entdecken. Entdeckungsmaßnahmen sind alle zur Absicherung eines Herstellungsprozesses wirksamen Prüfmaßnahmen. Sinnvoll ist die frühestmögliche Entdeckung in der Ursache-Wirkungs-Kette. Diese Maßnahmen werden in die Formblattspalte „Entdeckungsmaßnahmen" eingetragen.

Entdeckung (E)

Die Bewertung für jede Fehlerursache unter Berücksichtigung aller hierzu aufgelisteten Entdeckungsmaßnahmen wird durchgeführt. Für jede Fehlerursache wird anhand von PFMEA Tabelle P3, Bild 2.20 Kapitel 2.5.2, die Bewertungszahl E für die Entdeckung bestimmt und in das Formblatt eingetragen.

Bei den entdeckenden Prüfmaßnahmen muss beachtet werden,

- ob die Prüfmaßnahmen für die Entdeckung der Fehlerursache geeignet ist,
- ob die Prüfmaßnahmen zum richtigen Zeitpunkt greifen und
- ob die Prüfhäufigkeit ausreichend ist.

Beispiele zu Entdeckungsmaßnahmen bei der Prozess-FMEA

- Sichtprüfung
- Sichtprüfung mit Musterkatalog
- optische Prüfung mit Grenzmuster
- Maßprüfung
- attributive Prüfung
- Stichproben

In Bild 5.7 wird die PFMEA Risikoanalyse SE „Hebel“ aufgezeigt.

PFMEA Hebel herstellen										
1. Fehlerfolgen (FF)			2. Fehlerart (FA)				3.Fehlerursache (FU)			
PFMEA 2.Schritt: STRUKTURBAUM										
AFO 20 Herstellung			Druckgussstation				Werker			
PFMEA 3. Schritt: FUNKTIONSANALYSE										
Hebel herstellen			Hebel gießen				Station fahren			
PFMEA 4. Schritt: FEHLERANALYSE				PFMEA 5. Schritt: RISIKOANALYSE						
1. Fehlerfolgen (FF)	Bedeutung (B) der FF	2. Fehlerart (FA)	3. Fehler-ursache (FU)	Vermeidungs-maßnahmen (VM) für FU	Auftreten (A) der FU	Entdeckungs-maßnahmen (EM) für FU oder FA	Entdeckung (E) für FU/FA	DFMEA AP	Besondere Merkmale	
Hebel deformiert	10	Hebel verbrannt	Station gestört	Anfangsstand: KW 05						
				Arbeits-anweisung A12-521	5	Teileprüfung PV 1-234-56	6	H		

Bild 5.7 PFMEA Risikoanalyse SE „Hebel herstellen“ (Auszug)

Hier besteht ein wesentlicher Unterschied zu der später beschriebenen Prozess-FMEA, wo mit Entdeckungsmaßnahmen aus einer Menge von Teilen oder Systemen die fehlerbehafteten gesucht werden.

5.6 PFMEA 6. Schritt: Optimierung

Wie bei der Design-FMEA werden nun Maßnahmen zur Reduzierung der Fehlerursachen definiert und entsprechend umgesetzt.

Bei hohen Bewertungszahlen B, A und E sind Optimierungen erforderlich. Optimierungen können nach folgender Risikomatrix Prozess erfolgen.

Hohe AP zeigen die Priorität der abzuarbeitenden Maßnahmen an.

Das Formblatt mit Bewertung, Maßnahmenvorschlag und optimiertem Änderungszustand zeigt Bild 5.8.

<table>
<tr><td colspan="10">PFMEA Hebel herstellen</td></tr>
<tr><td colspan="3">1. Fehlerfolgen (FF)</td><td colspan="3">2. Fehlerart (FA)</td><td colspan="4">3.Fehlerursache (FU)</td></tr>
<tr><td colspan="10">PFMEA 2.Schritt: STRUKTURBAUM</td></tr>
<tr><td colspan="3">AFO 20 Herstellung</td><td colspan="3">Druckgussstation</td><td colspan="4">Werker</td></tr>
<tr><td colspan="10">PFMEA 3. Schritt: FUNKTIONSANALYSE</td></tr>
<tr><td colspan="3">Hebel herstellen</td><td colspan="3">Hebel gießen</td><td colspan="4">Station fahren</td></tr>
<tr><td colspan="4">PFMEA 4. Schritt: FEHLERANALYSE</td><td colspan="6">PFMEA 5. Schritt: RISIKOANALYSE</td></tr>
<tr><td>1. Fehlerfolgen (FF)</td><td>Bedeutung (B) der FF</td><td>2. Fehlerart (FA)</td><td>3. Fehler-ursache (FU)</td><td>Vermeidungs-maßnahmen (VM) für FU</td><td>Auftreten (A) der FU</td><td>Entdeckungs-maßnahmen (EM) für FU oder FA</td><td>Entdeckung (E) für FU/FA</td><td>DFMEA AP</td><td>Besondere Merkmale</td></tr>
<tr><td rowspan="2">Hebel deformiert</td><td rowspan="2">10</td><td rowspan="2">Hebel verbrannt</td><td rowspan="2">Station gestört</td><td colspan="6">Anfangsstand: KW 05</td></tr>
<tr><td>Arbeits-anweisung A12-521</td><td>5</td><td>Teileprüfung PV 1-234-56</td><td>6</td><td>H</td><td></td></tr>
<tr><td rowspan="3"></td><td rowspan="3"></td><td rowspan="3"></td><td rowspan="3"></td><td colspan="6">PFMEA 6. Schritt: OPTIMIERUNG</td></tr>
<tr><td colspan="6">Änderungsstand: KW 06</td></tr>
<tr><td>Data-Matrix Code, Zuordnung Parameter</td><td>2</td><td>Kontrolle der Einlese-rückmeldung durch Werker</td><td>5</td><td>M</td><td></td></tr>
</table>

Bild 5.8 PFMEA Optimierung SE „Hebel herstellen" (Auszug)

Die Risikobewertung wird unter Berücksichtigung der geplanten Maßnahmen durchgeführt, und die neuen Bewertungszahlen für A, E und AP werden in das Formblatt eingetragen. Geplante Maßnahmen können z. B. durch Angabe der Bewertungen zwischen Klammern gekennzeichnet werden.

Die Wirksamkeit der Maßnahmen ist nachzuweisen und durch die Bewertung zu bestätigen.

Nach der Optimierung werden bei Konzeptänderungen alle 7 Schritte der FMEA neu durchlaufen.

Bei Zuverlässigkeitserhöhungen durch Vermeidungsmaßnahmen oder wirksamerer Entdeckung werden die Schritte Risikoanalyse und Optimierung wiederholt.

Der Eintrag in der V/T-Spalte zeigt offene und entschiedene Punkte der FMEA. In der V/T-Spalte wird die verantwortliche Entwicklungsstelle mit dem entsprechenden Termin für die Erledigung aufgeführt. Nur nach Umsetzung der Maßnahmen kann die V/T-Kennzeichnung entfallen. Der aktuelle Stand wird dadurch ersichtlich.

5.7 PFMEA 7. Schritt: Ergebnisdokumentation

Die Planung und die Ergebnisse einer FMEA werden in einem Bericht zusammengefasst. Die Ergebnisdokumentation kann für die Kommunikation intern oder extern verwendet werden. Die Dokumentation ersetzt nicht die vom Management, Kunden oder Lieferanten geforderten Reviews der FMEA-Inhalte.

Die Dokumentation wird entsprechend den Forderungen des Unternehmens, des Lesers und der entsprechenden Interessenvertreter erstellt. Details werden zwischen den jeweiligen Parteien vereinbart. Das Layout des Dokuments wird unternehmensspezifisch erstellt und sollte als Bestandteil des Entwicklungsplans und der Projektplanung auf technische Fehlerrisiken hinweisen.

Der Inhalt der Ergebnisdokumentation wird festgelegt und kann umfassen, jedoch nicht abschließend:

- Angaben zum finalen Status
- Abgleich mit den festgelegten Zielen
- eine Zusammenfassung der hohen Risiken
- die „5 Z“
- Teilnehmerliste
- die verwendeten B-, A-, E- und AP-Tabellen
- Zusammenfassung der Maßnahmen mit Maßnahmenstatus
- Erfassung von Lessons Learned in den Familien-FMEAs für künftige Analysen

Prozess-FMEA Fehler-Möglichkeits- und Einfluss-Analyse

1.Schritt: PLANUNG UND VORBEREITUNG		
Unternehmen: Komponenten GmbH	PFMEA-Projekt: Glocke	Seite von
Produktionsstandort: München	PFMEA-Startdatum: KW 05	PFMEA-ID: 1717 Klöppelherstellung
Kunde: Fahrrad AG	PFMEA-Revisionsdatum: offen	Prozess-Verantwortung: Gustav Prozessplaner
Modeljahr(e)/Programm(e): Model Silber	Interdisziplinäres Team: Peter Projektleiter , Fritz	Vertraulichkeitsstufe: intern

2. Schritt: STRUKTURANALYSE		
1. Prozess	2. Arbeitsfolgen	3. Prozessschritte
AFO 20 Herstellung	**Druckgussstation**	**Werken**
3. Schritt: FUNKTIONSANALYSE		
1. Ablauf und Anforderung	2. Ablauf und Anforderung	3. Funktion und Anforderung/Merkmal
Hebel herstellen	Hebel gießen	Station fahren

4. Schritt: FEHLERANALYSE				5.Schritt: RISIKOANALYSE												
1. Fehlerfolgen (FF)	Bedeutung (B) der FF	2. Fehlerart (FA)	3. Fehlerursache (FU)	Vermeidungsmaßnahmen (VM) für FU	Auftreten (A) der FU	Entdeckungsmaßnahmen (EM) für FU oder FA	Entdeckung (E) für FU/FA	PFMEA AP	Besondere Merkmale	Filtercode (optional)	Name des Verantwortlichen	Geplantes Fertigstellungs-datum	Status	Ergriffene Maßnahmen mit Nachweis	Fertigstellungsdatum	Bemerkungen
Hebel deformiert	8	Hebel verbrannt	Station gestört	**Anfangsstand: KW 05**												
				Arbeits-anweisung A12-521	5	Teileprüfung PV 1-234-56	6	H								
				6.Schritt: OPTIMIERUNG												
				Änderungsstand: KW 06												
				Data-Matrix Code, automatisch Zuordnung der Parameter	2	Kontrolle der Einlese-rückmeldung durch Werker	5	M								

Bild 5.9 Formblatt PFMEA SE „Hebel herstellen“ (Auszug)

6 Einführung und Schulung der FMEA

Die Einführung der FMEA sollte „top down" vorgenommen werden, damit Vorbehalte und Widerstände von vornherein geringgehalten werden können. Hierzu gehört ebenfalls die eindeutige und offene Information an alle (!) Beteiligten. Es sollte ein Promotor in der Geschäftsleitung gewonnen werden, der den fachlich-sachlichen Empfehlungen des FMEA-Teams das erforderliche Gewicht zur Realisierung verleiht.

In größeren Unternehmen laufen viele Projekte und darin enthaltene FMEAs parallel ab. Hier empfiehlt es sich, ein hochrangig besetztes FMEA-Lenkungsgremium, eventuell als Teilmenge eines Projektlenkungskreises, zu etablieren, das Prioritäten setzt, Aufgaben an die FMEA-Teams verteilt und bei Verzögerungen eingreifen kann.

Die FMEA betrifft den gesamten Produktentstehungsprozess. Um optimale Ergebnisse zu erzielen, erfordert die FMEA als multidisziplinäre Methode bei der Implementierung eine gute Planung. Die FMEA ist wesentlicher Bestandteil der Produkt- und Prozessentwicklung. Mit ihr werden Zeit und Kosten für die erneute Entwicklung eines Produkts reduziert. Umfangreiche technische Spezifikationen, Testpläne und Produktionslenkungspläne lassen sich mit FMEA erstellen.

6.1 Voraussetzungen

6.1.1 Beschluss der Geschäftsleitung

Die Einführung der FMEA-Methode bedeutet eine Abkehr vom praktizierten Krisenmanagement und den Übergang zum präventiven Qualitätsmanagement im ganzen Unternehmen. Wegen der langfristigen und umfassenden Bedeutung kann nur die Geschäftsleitung den Entschluss fassen, begründen und bekannt geben.

Die aktive Unterstützung während der Einführungsphase der FMEA und sichtbares Interesse an den Erfolgen sind wesentliche Faktoren für das Topmanagement.

Die FMEA benötigt für die Durchführung Ressourcen und kann sehr zeitaufwendig sein. Für die erfolgreiche Erstellung einer FMEA ist die aktive Beteiligung der Verantwortlichen für Produkt und Prozess und das Engagement des Managements entscheidend.

Die Verantwortung für die Anwendung der FMEA trägt das Management. Letztlich ist es für die Akzeptanz der FMEA im Unternehmen und die Reduzierung der identifizierten Risiken und erforderlichen Maßnahmen zuständig.

6.1.2 Information der Führungskräfte

Die Vorgehensweise im Unternehmen muss von den Führungskräften sämtlicher Ebenen getragen und vertreten werden. Daher muss der rechtzeitigen (vorher!), offenen und umfassenden Information dieses Personenkreises entsprechende Beachtung geschenkt werden.

Der Bedeutung der Aufgabe entsprechend sollte ein Mitglied der Geschäftsleitung die Information übernehmen. Fachliche Unterstützung können gegebenenfalls externe Berater liefern. Die einführende Information sollte zwischen einer und zwei Stunden dauern.

Der Aufwand zum Einbinden sämtlicher Führungskräfte in die FMEA ist wesentlich, weil dieser Mitarbeiterkreis später die erforderlichen Personalkapazitäten zur Verfügung stellen soll und bei der Realisierung der erarbeiteten Maßnahmen eine entscheidende Rolle spielt.

6.1.3 Schulung der Moderatoren

FMEA-Moderatoren führen die firmeninternen Trainingsmaßnahmen durch und stehen den FMEA-Teams als Berater zur Verfügung.

Die FMEA-Grundausbildung wird meist in externen Seminaren erfolgen, gegebenenfalls auch durch externe Berater innerhalb des Unternehmens. Ein klassisches Moderatorentraining, vor allem jedoch Erfahrungen in der Gruppenarbeit, sind neben technischem Verständnis wesentliche Voraussetzungen für den FMEA-Moderator.

6.1.4 Methodische Ausbildung der Anwender

Die FMEA-Anwenderausbildung macht die Mitarbeiter in Konstruktion, Technologie, Planung usw. zusätzlich mit dem Gebrauch des Werkzeuges FMEA vertraut. Nur so kann eine selbstverständliche Breitenanwendung erzielt und schließlich institutionalisiert werden.

Die Ausbildung dieses Personenkreises sollte firmenintern, vorwiegend als „Training on the Job", erfolgen, um den Praxisbezug sicherzustellen. Zum einführenden Training werden erfahrungsgemäß zwei Tage benötigt:

- erster Tag: Grundlagen der FMEA, und
- zweiter Tag: Vorbereitung der projektbezogenen Arbeit.

Das weitere Training erfolgt sporadisch und problembezogen auf Anforderung des jeweiligen FMEA-Teams.

Unterstützend ist häufig ein allgemeines Training in Gruppenarbeit, Moderation und Präsentation vorzuschalten, um die Teilnehmer auf die Teamarbeit vorzubereiten.

6.2 Anwendung

6.2.1 Allgemeines

Eine FMEA wird meistens nur in Sonderfällen isoliert durchgeführt. Im Allgemeinen wird sie innerhalb eines Projekts angesetzt, um wesentliche Teilprobleme zu klären.

Die Durchführung der FMEA wird im Projektplan terminiert und vom Projektleiter in Abstimmung gefordert und im Projektreview berichtet.

Der festgelegte FMEA-Umfang wird vom Projektverantwortlichen und vom Methodiker festgelegt. Ein Projektstartbrief kann erstellt werden. Darin werden Projektgegenstand, Projektziele, Auftraggeber, Projektleitung, Projektdauer und Projektmitglieder festgehalten und vom Management bestätigt.

Die Teilnehmer werden in FMEA-Sitzungen über die Grundlagen der FMEA-Methode und über den Ablauf der FMEA-Erstellung informiert. Der Teilnehmerkreis eines FMEA-Teams kann zwischen den einzelnen Phasen der FMEA wechseln. Das Kernteam sollte im Analysenvorlauf mindestens zwei Personen umfassen: den Projektverantwortlichen und den FMEA-Moderator.

Beim systematischen Vorlauf müssen häufig Daten aus anderen Abteilungen oder Ressorts beschafft und strukturiert werden. Die Systemgrenzen werden festgelegt.

Hier wird die hierarchische Kompetenz des Projektleiters gemeinsam mit den Erfahrungen des Moderators benötigt.

Um die Teamsitzungen so effizient wie möglich zu gestalten, hat es sich bewährt, die Informationen zuvor mittels Checklisten abzufragen und als Basis in der ersten „großen FMEA-Runde" zu präsentieren.

Während der Teamsitzungen hat es sich als Vorteil erwiesen, wenn nur der Moderator für alle Teammitglieder sichtbar schreibt und die Teilnehmer die Fortschritte erkennen.

Zur Verantwortung von Unternehmen in der Automobilindustrie gehören die fachgerechte Durchführung einer FMEA und die Umsetzung der Ergebnisse. Dabei werden die Lebensdauer des Produkts, die Sicherheitsrisiken und der vorhersehbare Fehlgebrauch während des Einsatzes berücksichtigt.

Folgende Regeln sind bei der Durchführung einer FMEA zu beachten:

- *Verständlichkeit*:

  Potenzielle Fehlerarten mit technisch präzisen, spezifischen Begriffen beschreiben, um Fehlerursachen, Fehlerarten und mögliche Fehlerfolgen durch Fachleute zu bewerten und Missverständnissen vorzubeugen. Emotional besetzte Begriffe, z. B. gefährlich, untragbar, unverantwortlich, sind zu vermeiden.
- *Wirklichkeit*:

  Genaue Beschreibung der Auswirkungen von potenziellen Fehlerarten.
- *Realismus*:

  Nicht berücksichtigt werden extreme Ereignisse, absichtlicher Fehlgebrauch, Fehleinschätzung oder Fehlhandlung, außer der Missbrauch ist vorhersehbar.
- *Vollständigkeit*:

  Vom Risiko hängt die Detailtiefe der Betrachtung ab. Vorhersehbare potenzielle Fehler dürfen nicht verschwiegen werden. Korrektes und fachgerechtes Know-how ist für eine vollständige FMEA preiszugeben.

Technische Risiken werden entweder als akzeptabel eingestuft oder es werden Maßnahmen zugewiesen und dokumentiert, die das Risiko reduzieren.

6.2.2 Unterstützende Maßnahmen

Meist wird die FMEA im Rahmen einer weitergehenden Risikobetrachtung oder vom Kunden gefordert.

Die FMEA lebt vom Engagement aller Beteiligten. Um die Motivation aufrechtzuerhalten, sind Präsentationen der Teams vor der Werk- und Geschäftsleitung nach Abschluss einer FMEA ein geeignetes Mittel.

Zum Erfahrungsaustausch sowie zur Motivation haben sich regelmäßige Treffen der Projektleiter und Moderatoren bewährt, auf denen von den Erfolgen, aber auch von Schwierigkeiten und Problemen berichtet wird und Sonderfälle, neue Anwendungen und modifizierte Vorgehensweisen diskutiert werden.

6.2.3 Grundlage für neue FMEA-Analysen

Basis- und Familien-FMEAs unterstützen neue Analysen. Erfahrungen und Wissen aus der Lebensdauer des Produkts stellen sicher, dass frühere Probleme nicht wiederholt werden (Lessons Learned) sowie Aufwand und Kosten gespart werden.

Basis-FMEAs sind ein geeigneter Ausgangspunkt für neue FMEA-Projekte. Damit werden Erkenntnisse des Unternehmens aus vorherigen Entwicklungen berücksichtigt. Die nicht anwendungsspezifische Basis-FMEA erlaubt das Verallgemeinern von Forderungen, Funktionen und Maßnahmen.

Familien-FMEAs für eine Produktfamilie werden mit allgemein gültigen oder einheitlichen Produktgrenzen und entsprechenden Funktionen entwickelt. Für Prozesse werden Familien-FMEAs aus einer Reihe von Arbeitsgängen entwickelt, mit denen verschiedene Produkte hergestellt werden können.

Mit Basis- oder Familien-FMEAs kann das Team sich auf die Unterschiede zwischen dem neu entwickelten Produkt oder dem neu entwickelten Prozess zum Produkt oder Prozess konzentrieren.

Diese FMEA-Module sind in sich abgeschlossen und eignen sich zur Wiederverwendung. Der Aufwand für bekannte Produkte und Prozesse wird reduziert. Die übernommenen Umfänge sind kritisch zu prüfen.

6.2.4 Fachwissen der FMEAs schützen

Lieferanten und Kunden können in vertraglichen Vereinbarungen die Nutzung von geistigem Eigentum aus der Design-FMEA oder Prozess-FMEA regeln.

Grundsätzlich gilt, dass vom Lieferanten erstellte Design-FMEAs oder Prozess-FMEAs nicht an den Kunden herausgegeben werden, um das Know-how speziell der Lieferanten zu schützen.

Die Ergebnisse werden auf Anfrage vorgestellt, und der Kunde kann sich davon überzeugen, dass die geforderten FMEAs erstellt wurden.

6.2.5 EDV-Unterstützung

Die FMEA kann durch EDV-Einsatz effizienter durchgeführt werden:

- Systematische Bearbeitung,
- Benutzerführung und Hilfestellungen,
- Durchführen aller erforderlichen Vorarbeiten und Analysen,
- Unterstützen der Bearbeitung, z. B. beim Einfügen, Löschen, Kopieren usw.,
- Zugriffsmöglichkeiten auf bereits erstellte FMEAs durch Vernetzung von Einzelarbeitsplätzen mit systematischem Zugriffsschutz,
- Selektiver Zugriff innerhalb einer FMEA durch Filterfunktionen,
- Nutzen vorhandener Daten, z. B. CAD-Konstruktionsdaten,
- Datenbanken mit bereits erstellten FMEAs,
- Standardmodule.

6.2.6 Kundenspezifische Forderungen

Zwischen Kunde und Lieferant werden die kundenspezifischen Forderungen an die FMEA abgestimmt. Es werden die Durchführung der FMEA, Systemgrenzen, notwendige Arbeitsdokumente, Analysemethoden und Bewertungstabellen vereinbart.

6.2.7 Übergang zur neuen FMEA-Methode

Bisher erstellte FMEAs, die gemäß VDA Band 4, Kapitel 3 „Produkt- und Prozess-FMEA", dem „5 Schritte-Ansatz" oder der 4. Ausgabe des AIAG FMEA-Handbuchs erstellt wurden, können bei Aktualisierung in ihrer ursprünglichen Form belassen werden.

Der Übergang zur Vorgehensweise der AIAG & VDA FMEA sollte sorgfältig geplant werden.

Vorhandene FMEAs, die für neue Projekte verwendet werden, können in das neue FMEA-Format übertragen werden. Sind nur geringfügige Änderungen zum bestehenden Produkt vorhanden, kann die FMEA im ursprünglichen Format weiter verwendet werden.

Den Übergang zur „7 Schritte-Ansatz" für neue Projekte sollte das Unternehmen unter Berücksichtigung kundenspezifischer Forderungen festlegen.

7 Aufwand und Nutzen

Ein präventives Qualitätsmanagement hat das Ziel, das Auftreten von Fehlern in frühen Entwicklungs- und Planungsphasen sowie in der laufenden Leistungserstellung zu verhindern. Die betriebswirtschaftliche Wirkung der Prävention liegt in der Vermeidung von Fehlern bzw. der Minimierung von Zielabweichungen und deren Folgen, die einen wirtschaftlichen Verlust oder entgangenen Gewinn bedeuten.

Ausgehend von diesem Bewusstsein ist jede Abweichung von den vorgegebenen Zielen, Aktivitäten oder Investitionen, die nicht direkt oder indirekt auf die Erreichung des Ziels ausgerichtet ist, als entgangener Gewinn oder vermeidbarer Kostenaufwand anzusehen. Dieser Kostenaufwand wird als Abweichungs-, Zielabweichungskosten oder Fehlleistungsaufwand genannt.

Bekannte Vertreter dieser Kostenkategorie sind die internen und externen Fehlerkosten, die in Verbindung mit den Fehlervermeidungs- und Prüfkosten zu den sogenannten Qualitätskosten zusammengefasst sind. Eine kritische Betrachtung des Qualitätskostensystems zeigt einige Schwächen auf.

Zu den internen Fehlerkosten rechnet man die in der Produktion anfallenden Kosten durch Ausschuss, Nacharbeit, Sortierprüfungen, 0-km- bzw. 0-h-Bandausfälle und sonstige ereignisorientierte Kosten. Externe Fehlerkosten bestehen unter anderem aus Kulanz- und Garantiekosten, Kosten für Produkthaftung und Kosten aus Rückrufaktionen. Die Fehlerkosten betragen mehrere Prozent des Umsatzes und stellen ein beachtliches Einsparungspotenzial dar. Eine Reduktion der Fehlerkosten ist nur dann möglich, wenn die Fehlerursachen und damit die Fehler beseitigt werden.

Eine Analyse eines deutschen Industrieunternehmens ergab, dass in der Entwicklungsphase etwa 75 % der Fehler entstehen, diese jedoch zu ca. 80 % in der Produktion und im Einsatz der Produkte behoben werden (Bild 7.1).

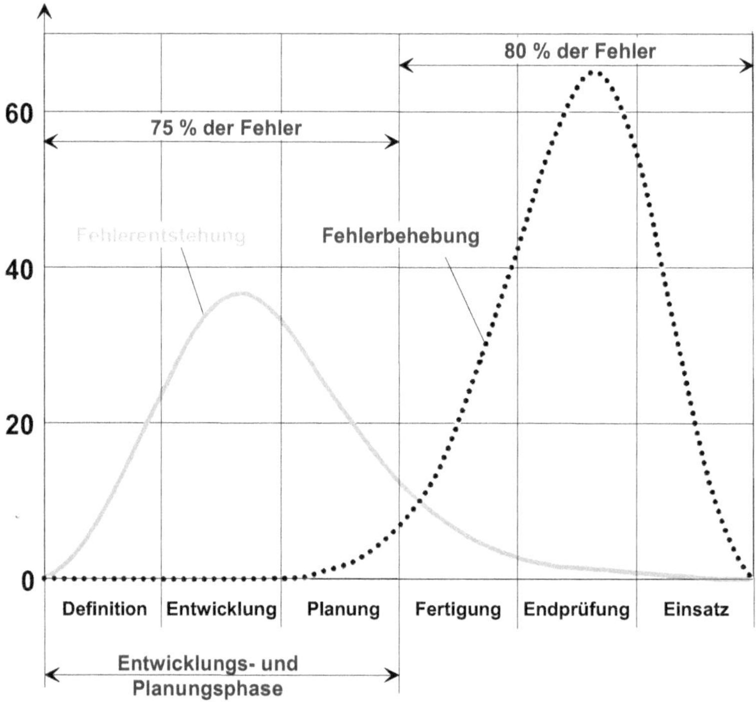

Bild 7.1 Diskrepanz zwischen Fehlerentstehung und Fehlerbehebung

Präventives Qualitätsmanagement ist effektiv und kostenwirksam, wenn die Methoden, wie z.B. die FMEA, in den Phasen der Fehlerentstehung angewandt werden und somit die Zeitdifferenz zwischen der Entstehung und Entdeckung des Fehlers minimalisiert wird (Bild 7.2).

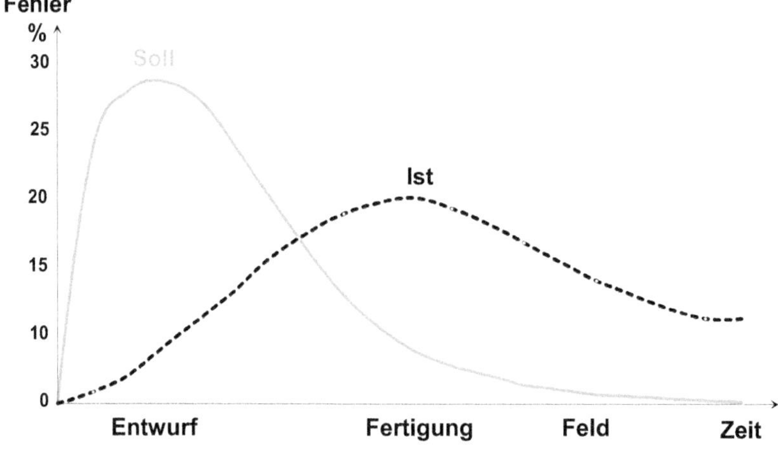

Bild 7.2 Zeitpunkt der Fehlerentdeckung

Neben der Reduzierung der Fehlerkosten sinken bei dieser Vorgehensweise die Kosten für Änderungen. Zum einen sinkt die Anzahl der Änderungen, und zum anderen kostet eine Änderung umso weniger, je früher der Fehler entdeckt wurde. Bild 7.3 erläutert diesen Zusammenhang.

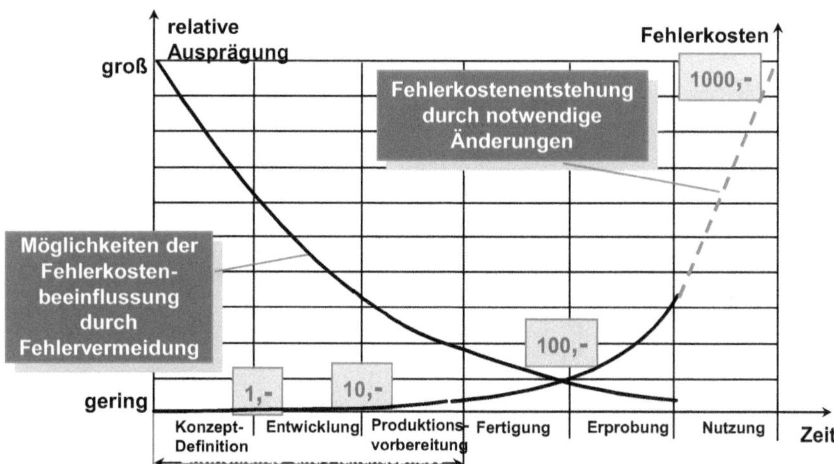

Bild 7.3 Änderungskosten in den verschiedenen Produktphasen

Eine frühe Entdeckung der Fehlerursachen erhöht die Terminsicherheit und damit die Einhaltung des geplanten Serieneinsatzes. Ein verspäteter Verkauf bedeutet verlorener Umsatz, die im Käufermarkt aufgrund der Vergänglichkeit von Technologie und Design im Wettbewerb mit der Konkurrenz schwer aufholbar ist (Bild 7.4).

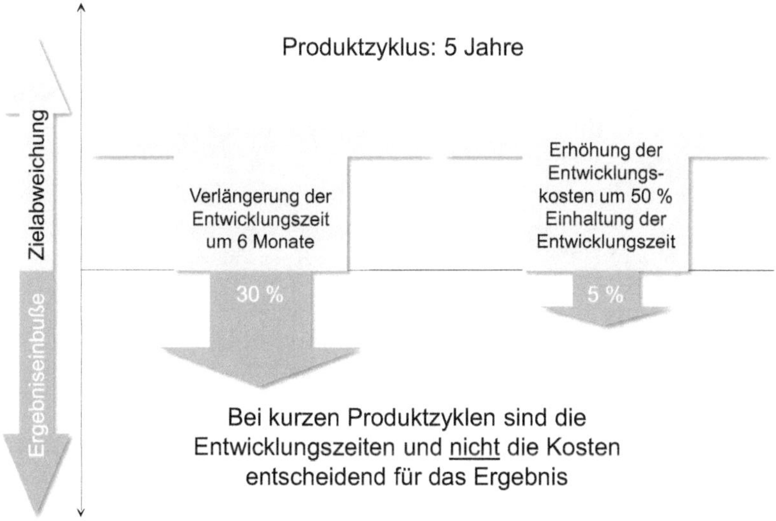

Bild 7.4 Ergebniswirkung von Entwicklungszeiten und Entwicklungskosten

Eine **konsequente Anwendung der FMEA-Methode**, die sich auf alle Unternehmensbereiche erstreckt, **reduziert den Fehlleistungsaufwand** und sichert damit kurz-, mittel- und langfristig die Erlöse.

In Bild 7.5 ist dieser Zusammenhang wiedergegeben.

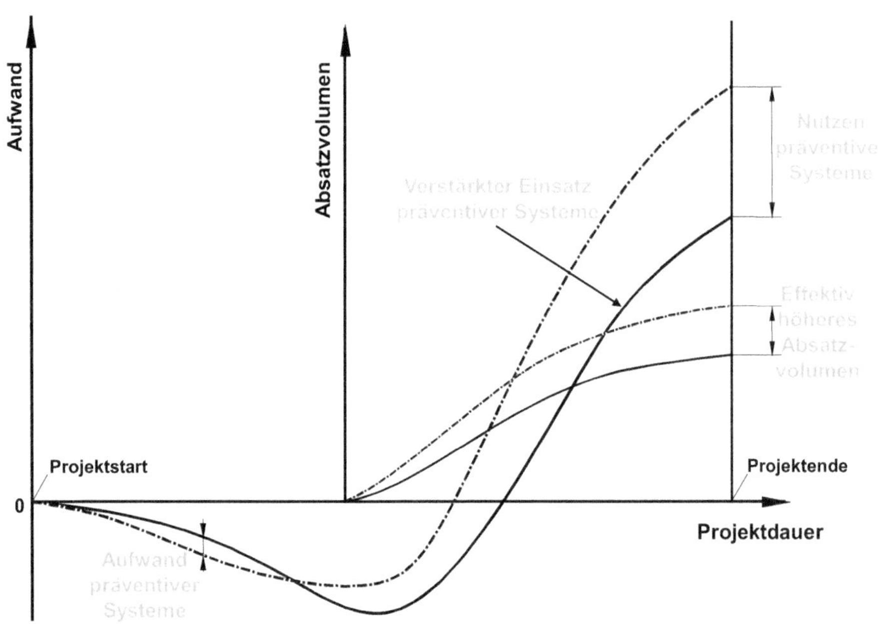

Bild 7.5 Wirtschaftliche Wirkung präventiver Systeme im Projektablauf

Die Kosten der Methoden des präventiven Qualitätsmanagements fallen prinzipbedingt schon in den frühen Phasen der Produktentwicklung an. Die Kosten sind im Vergleich zu dem riesigen Potenzial aus der Reduktion des Fehlleistungsaufwands gering. Die prinzipiellen Vorteile sind bekannt, die monetäre Auswirkung bzw. die Rentabilität als Managementinformation ist schwer nachweisbar.

Dies hat mehrere Gründe:

- Der Fehlleistungsaufwand – und damit das Potenzial – ist schwer erfassbar. Die traditionelle Kostenstellenrechnung ist hierfür keine geeignete Informationsquelle.
- Die Einsparungen und Umsatzsteigerungen aus der Methodenanwendung lassen keine monetären Aussagen zu und sind der Größe nach nicht bekannt.
- Der Erfolg zeigt sich meist erst nach einigen Bilanzperioden.

Der Einsatz der FMEA ist mit Zeit und Kosten verbunden, verringert aber mit einer gewissen Zeitverzögerung zu einem erheblichen Teil die Gesamtkosten des Unternehmens (Bild 7.6).

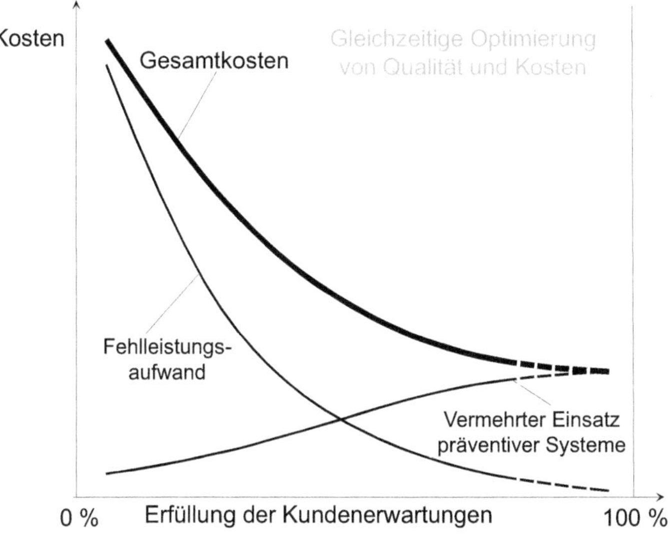

Bild 7.6 Kosteneinfluss präventiver Systeme

8 FMEA-Bewertung

Der Zweck der formalen Bewertung der Methode, mit der die DFMEA und die PFMEA erstellt wurden, ist die konsequente Einhaltung des 7-Schritte-Ansatzes. Die Tabellen dienen der Selbsteinschätzung.

Damit wird nicht die Vollständigkeit oder Richtigkeit der DFMEA-Inhalte oder der PFMEA-Inhalte beurteilt.

Die Bewertung der DFMEA und PFMEA kann auf Stichproben basieren.

Die Bewertung erfolgt durch Punktevergabe in 3 Stufen:

Punkte Kriterien

0-1: Nicht oder rudimentär erfüllt

2-3: Größtenteils oder durchschnittlich erfüllt

4-5: Erfüllt oder übererfüllt

0-5: Gesamtzahl der möglichen Punkte

Beispiel:

D.1: PLANUNG UND VORBEREITUNG

D.1.1: Kundenschnittstelle

Wurde die Schnittstelle mit dem Kunden abgestimmt?

0-1: Es ist keine Schnittstelle vorhanden.

2-3: Einige Annahmen sind unverständlich.

4-5: Die Schnittstellenabstimmung mit dem Kunden ist dokumentiert.

Bewertung: 3 Punkte

Die vollständigen Tabellen finden Sie als Arbeitshilfe auf unserer Internetseite. Rufen Sie bitte die Arbeitshilfe über die Website *https://plus.hanser-fachbuch.de/* mit dem entsprechenden Zugangscode auf und laden Sie sich Ihre Selbsteinschätzung herunter.

8.1 Selbsteinschätzung DFMEA

Tabelle 8.1.1 1. Schritt DFMEA

1. Schritt DFMEA	DFMEA-REVIEW	Nicht oder rudimentär erfüllt (0-1)	Größtenteils oder durchschnittlich erfüllt (2-3)	Erfüllt oder übererfüllt (4-5)	Bewertung (0-5)
D.1	PLANUNG UND VORBEREITUNG				
D.1.1 Kunden-schnitt-stelle	Wurde die Schnittstelle mit dem Kunden abgestimmt?	Es ist keine Schnittstelle vorhanden.	Einige Annahmen sind unverständlich.	Die Schnittstellenabstimmung mit dem Kunden ist dokumentiert.	
D.1.2 Lieferanten-schnitt-stelle	Wurde die Schnittstelle mit dem Lieferanten abgestimmt?	Es ist keine Schnittstelle vorhanden.	Einige Annahmen sind unverständlich.	Die Schnittstellenabstimmung mit dem Lieferanten ist dokumentiert.	
D.1.3 Zweck	Sind die Hauptziele der Planung und Vorbereitung für die DFMEA definiert?	Die Hauptziele der Planung und Vorbereitung der DFMEA sind nicht definiert.	Nur einige der Hauptziele und Teile der Planung und Vorbereitung der DFMEA sind definiert.	Die Hauptziele der Planung und Vorbereitung der DFMEA sind im Blockdiagramm und in der Formblattkopfzeile definiert.	
D.1.4 Projektplan	Stimmt der Status der DFMEA mit dem Projektplan überein?	Keine Übereinstimmung	Übereinstimmung in einigen Punkten.	Vollständige Übereinstimmung.	
D.1.5 Erkennt-nisse	Werden die Wiederverwendung und die gewonnenen Erkenntnisse berücksichtigt?	Kein Nachweis für Wiederverwendung oder gewonnene Erkenntnisse	Kein Nachweis für Wiederverwendung oder gewonnene Erkenntnisse	Wiederverwendung und gewonnene Erkenntnisse sind berücksichtigt und dokumentiert.	
D.1.6 Ressour-cenplanung	Sind die Ressourcen für die DFMEA zugewiesen?	Es wurden keine Ressourcen zugewiesen.	Einige Ressourcen wurden benannt.	Ressourcen für die DFMEA sind zugewiesen.	
Gesamtpunktzahl (30 mögliche Punkte)					
Maßnahmen zur Verbesserung / Erkenntnisse:					

Tabelle 8.1.2 5Z DFMEA

5Z DFMEA	DFMEA-REVIEW	Nicht oder rudimentär erfüllt (0-1)	Größtenteils oder durchschnittlich erfüllt (2-3)	Erfüllt oder übererfüllt (4-5)	Bewertung (0-5)
DZ	PROJEKTPLANUNG				
DZ.1 Zweck	Hat das Team den Zweck und das Ziel der DFMEA verstanden?	Die Teammitglieder wurden möglicherweise vor Durchführung der DFMEA nicht geschult.	Einige Teammitglieder haben an DFMEA-Schulungen teilgenommen oder das Team verlässt sich auf einen erfahrenen Moderator.	Eine Überblicksschulung zum 7-Schritte-Verfahren ist Voraussetzung für die Teilnahme am DFMEA-Team.	
DZ.2 Zeitplan	Wurde die DFMEA rechtzeitig durchgeführt?	Die DFMEA wurde nach Einführung des Produktes oder Prozesses durchgeführt.	Die DFMEA wurde rechtzeitig durchgeführt, jedoch zu spät fertiggestellt.	Die DFMEA wurde vor Einführung des Produktes oder Prozesses durchgeführt, in dem/die potenzielle Fehlerart vorkommt.	
DZ.3 Teamzusammensetzung	War das Team multidisziplinär aufgestellt?	Das Team hat die Analyse nicht durchgeführt oder dem Team fehlten Teilnehmer aus einigen Bereichen und/oder dem Management.	Das Team hat die Analyse ohne Moderationskenntnisse oder ohne Abstimmung der Ergebnisse mit dem Management durchgeführt.	Ein ausgebildeter DFMEA-Moderator ist Teil des Teams und/oder das Team hat die Ergebnisse mit dem Management abgestimmt.	
DZ.4 Aufgabenzuweisung	Ist verständlich, dass das 7-Schritte-Verfahren den Rahmen für die Aufgaben und Ergebnisse der DFMEA bildet?	Teile des 7-Schritte-Verfahrens fehlen oder die Ergebnisse sind nur oberflächlich.	Die Ergebnisse des 7-Schritte Verfahrens sind offensichtlich und nützlich für die Fehlervermeidung.	Die Ergebnisse des 7-Schritte-Verfahrens sind umfassend und effektiv für die Fehlervermeidung.	

Tabelle 8.1.2 5Z DFMEA *(Fortsetzung)*

5Z DFMEA	DFMEA-REVIEW	Nicht oder rudimentär erfüllt (0-1)	Größtenteils oder durchschnittlich erfüllt (2-3)	Erfüllt oder übererfüllt (4-5)	Bewertung (0-5)
DZ.5 Werkzeuge	Hat das Team die notwendigen Kenntnisse über die Anwendung des DFMEA-Entwicklungstools (Software oder Formblätter)?	Die Teammitglieder haben keine Erfahrung mit der DFMEA-Software oder nur Grundkenntnisse zu den notwendigen Unternehmens- und/oder Kundendokumenten.	Die Teammitglieder lassen sich freiwillig in der DFMEA-Software schulen oder haben Erfahrung mit der Erstellung der notwendigen Unternehmens- und/oder Kundendokumente.	Die Teammitglieder wissen, wie die DFMEA-Software für ihr Projekt seitens des Unternehmens und/oder Kunden anzuwenden ist.	
Gesamtpunktzahl (25 mögliche Punkte)					
Maßnahmen zur Verbesserung / Erkenntnisse:					

Tabelle 8.1.3 2. Schritt DFMEA

2. Schritt DFMEA	DFMEA-REVIEW	Nicht oder rudimentär erfüllt (0-1)	Größtenteils oder durchschnittlich erfüllt (2-3)	Erfüllt oder übererfüllt (4-5)	Bewertung (0-5)
D.2	STRUKTURANALYSE				
D.2.1 Identifizierung der Systemelemente	Sind die relevanten Systemelemente und die Definition der Systemstruktur festgelegt?	Die relevanten Systemelemente sind nicht identifiziert oder die Systemstruktur ist nicht definiert.	Einige Systemelemente wurden identifiziert oder die Systemstruktur wurde teilweise definiert.	Alle Systemelemente wurden identifiziert oder die Systemstruktur wurde definiert. Jede Person und jedes Objekt, mit dem das Design während seiner Lebensdauer Schnittstellen hat, wurde erfasst.	

Tabelle 8.1.3 2. Schritt DFMEA *(Fortsetzung)*

2. Schritt DFMEA	DFMEA-REVIEW	Nicht oder rudimentär erfüllt (0-1)	Größtenteils oder durchschnittlich erfüllt (2-3)	Erfüllt oder übererfüllt (4-5)	Bewertung (0-5)
D.2.2 Visuelle Darstellung	Wird die Planung visuell dargestellt?	Es gibt keine visuelle Darstellung.	Die Planung wird visuell dargestellt, die Darstellung ist jedoch unvollständig oder zu detailliert.	Strukturbäume oder Block-/Boundary-Diagramme dienen der visuellen Darstellung der Planung.	
D.2.3 Nachweise	Gibt es Nachweise über die Analyse der Zusammenhänge, Schnittstellen und Wechselwirkungen zwischen den Systemelementen?	Die relevanten Systemelemente sind nicht identifiziert.	Zusammenhänge auf hoher Ebene sind erfasst.	Strukturbäume oder Block-/Boundary-Diagramme sind klar beschriftet und zeigen die Schnittstellen und Wechselwirkungen zwischen den definierten Systemelementen.	
D.2.4 DFMEA-Analyse	Stimmt die DFMEA-Analyse mit dem Design oder den Strukturelementen überein?	Einige Schnittstellen in den Strukturbäumen oder Block-/Boundary-Diagrammen sind in der DFMEA erfasst.	Die meisten Schnittstellen in den Strukturbäumen oder Block-/Boundary-Diagrammen sind in der DFMEA erfasst.	Alle Schnittstellen in den Strukturbäumen oder Block-/Boundary-Diagrammen sind in der DFMEA erfasst.	
D.2.5 Hierarchie	Wird die Funktionshierarchie aufgezeigt?	Keine	Einige/die meisten	Alle	
Gesamtpunktzahl (25 mögliche Punkte)					
Maßnahmen zur Verbesserung / Erkenntnisse:					

Tabelle 8.1.4 3. Schritt DFMEA

3. Schritt DFMEA	DFMEA-REVIEW	Nicht oder Rudimentär erfüllt (0-1)	Größtenteils oder durchschnittlich erfüllt (2-3)	Erfüllt oder übererfüllt (4-5)	Bewertung (0-5)
D.3	FUNKTIONSANALYSE				
D.3.1 Funktionen	Sind die Funktionen mit dem System, den Systemelementen oder Komponentenelementen (Objekten) verbunden?	Funktionen (was das System oder Element tun soll) fehlen oder sind missverständlich.	Funktionen (einschließlich Software) werden fälschlicherweise als Systemelemente (Objekte) bewertet.	Funktionen sind zu gelenkten Dokumenten Lastenheften, Pflichtenheften und Prüfplänen zurück verfolgbar.	
D.3.2 Schnittstellen/ Freigängigkeiten	Enthalten die Funktionen Beschreibungen der Wechselwirkungen zwischen den Elementen eines Systems?	Schnittstellen und/oder geringe Freigängigkeitsbedingungen sind nicht enthalten oder fehlen in der Planung als Funktionen von Systemelementen.	Schnittstellen werden fälschlicherweise als Systemelemente beschrieben.	Schnittstellen und geringe Freigängigkeitsbedingungen werden als Funktionen von Systemelementen beschrieben	
D.3.3 Forderungen/ Merkmale	Sind die Forderungen/Merkmale einzelnen Funktionen zugeordnet?	Forderungen oder Merkmale fehlen. Funktionen werden nicht qualitativ durch Leistungsanforderungen beschrieben.	Forderungen beschreiben, wie Funktionen funktionieren sollen.	Forderungen oder Merkmale sind zu Lastenheften und Prüfplänen zurückverfolgbar.	
D.3.4 Funktionshierarchie	Sind die Funktionen auf der nächsthöheren und nächstniedrigeren Ebene verständlich?	Keine	Einige/die meisten	Alle	
Gesamtpunktzahl (20 mögliche Punkte)					
Maßnahmen zur Verbesserung/Erkenntnisse:					

Tabelle 8.1.5 4. Schritt DFMEA

4. Schritt DFMEA	DFMEA-REVIEW	Nicht oder Rudimentär erfüllt (0-1)	Größtenteils oder durchschnittlich erfüllt (2-3)	Erfüllt oder übererfüllt (4-5)	Bewertung (0-5)
D.4	**FEHLERANALYSE**				
D.4.1 **Fehler**	Sind die Fehler klar und verständlich beschrieben?	Allgemeine Aussagen, die den Fehler nicht spezifisch beschreiben	Fehlerbeschreibungen beziehen sich klar auf die Funktionen und sind leicht verständlich.	Alle Fehlerbeschreibungen sind verständlich im Format „Substantiv + Verb".	
D.4.2 **Fehlernetz- und Fehlerkettenanalyse**	Werden Fehlerketten aus den Funktionen erstellt?	Fehlerarten, Fehlerursachen oder Fehlerfolgen fehlen oder sind der falschen Fehlerkategorie zugeordnet.	Fehlerarten, Fehlerursachen und Fehlerfolgen sind identifiziert, aber die entsprechenden Zusammenhänge sind nicht immer dargestellt.	Es gibt einen klaren, nachgewiesenen Zusammenhang zwischen der Fehlerart und der entsprechenden Funktion, die Fehlerketten sind richtig und sichtbar erstellt.	
D.4.3 **Fehlerfolge**	Bezeichnen die Fehlerfolgen die Auswirkungen der Fehlerart?	Fehlerfolgen beschreiben nicht angemessen, was im Fall einer Fehlerart passiert.	Die identifizierten Fehlerfolgen spiegeln die Auswirkungen der entsprechenden Fehlerarten wider.	Die Fehlerfolgen sind verständlich beschrieben und zeigen an, was der Nutzer bei Auftreten der Fehlerart erleben oder erfahren könnte. Die Zusammenarbeit mit dem Kunden und/oder Lieferanten ist offensichtlich.	
D.4.4 **Fehlerart**	Wird die Fehlerart in technischen Begriffen in Bezug auf Funktionen, Forderungen oder Merkmale je nach Analyseebene definiert?	Fehlerarten werden mit allgemeinen Begriffen beschrieben und können nicht einfach zur Funktion zurückverfolgt werden.	Fehlerartbeschreibungen beziehen sich allgemein auf die erwarteten Funktionen.	Fehlerarten sind leicht verständlich in technischen Begriffen beschrieben und beziehen sich auf die erwartete Funktion.	

Tabelle 8.1.5 4. Schritt DFMEA *(Fortsetzung)*

4. Schritt DFMEA	DFMEA-REVIEW	Nicht oder Rudimentär erfüllt (0-1)	Größtenteils oder durchschnittlich erfüllt (2-3)	Erfüllt oder übererfüllt (4-5)	Bewertung (0-5)
D.4.5 Fehlerursache	Zeigt die Fehlerursache, warum der Fehler auftreten könnte?	Es wurden nicht alle potenziellen Fehlerursachen identifiziert oder Fehlerursachen beschreiben nicht genau, warum die Fehlerart auftritt.	Fehlerursachen sind ordnungsgemäß identifiziert und beschreiben angemessen, warum die Fehlerart auftritt.	Alle Fehlerursachen sind präzise und vollständig aufgelistet, sodass spezifische Abhilfemaßnahmen ergriffen werden können.	
Gesamtpunktzahl (25 mögliche Punkte)					
Maßnahmen zur Verbesserung/Erkenntnisse:					

Tabelle 8.1.6 5. Schritt DFMEA

5. Schritt DFMEA	DFMEA-REVIEW	Nicht oder rudimentär erfüllt (0-1)	Größtenteils oder durchschnittlich erfüllt (2-3)	Erfüllt oder übererfüllt (4-5)	Bewertung (0-5)
D.5	RISIKOANALYSE				
D.5.1 Aktuelle Vermeidungsmaßnahmen	Beschreiben aktuelle Vermeidungsmaßnahmen, wie eine potenzielle Fehlerursache, die zu einer Fehlerart führt, vermieden werden kann?	Allgemeine Aussagen, die sich nicht speziell auf die Leistungsanforderungen beziehen.	Vermeidungsmaßnahmen geben Informationen oder Anweisungen, die als Eingangsgrößen für das Design dienen.	Aktuelle Vermeidungsmaßnahmen beziehen sich auf die Leistungsanforderungen und die bewährten Designverfahren. Maßnahmen sind verständlich und umfassend beschrieben, Referenzen werden angeführt, gewonnene Erkenntnisse sind erfasst.	

Tabelle 8.1.6 5. Schritt DFMEA *(Fortsetzung)*

5. Schritt DFMEA	DFMEA-REVIEW	Nicht oder rudimentär erfüllt (0-1)	Größtenteils oder durchschnittlich erfüllt (2-3)	Erfüllt oder übererfüllt (4-5)	Bewertung (0-5)
D.5.2 Aktuelle Entdeckungsmaßnahmen	Beschreiben aktuelle Entdeckungsmaßnahmen, wie eine potenzielle Fehlerursache oder Fehlerart vor Freigabe des Produkts für die Produktion entdeckt werden kann?	Entdeckungsmaßnahmen werden aufgeführt, die nicht wirklich umgesetzt werden oder die nicht die Bedingungen herstellen, unter denen der Fehler auftreten kann.	Prüfungen sind aufgeführt, aber es gibt keine bestimmten Verweise auf Ziffern, die darauf hinweisen, dass Prüfungen die Fehlerarten oder Fehlerursachen bei Auftreten tatsächlich entdecken.	Aktuelle Entdeckungsmaßnahmen sind verständlich und umfassend beschrieben. Referenzen auf spezielle Prüfungen, Prüfpläne oder Verfahren werden angeführt.	
D.5.3 Bestätigung der aktuellen Vermeidungs- und Entdeckungsmaßnahmen	Wird die Wirksamkeit der aktuellen Vermeidungs- und Entdeckungsmaßnahmen bestätigt?	Auf Prüfungen wird nur allgemein Bezug genommen. Die Leistung wird nicht im Vergleich mit den aktuellen Forderungen verifiziert.	Prüfungen werden mit Proben durchgeführt, die nicht für die Form, Passform, Funktion oder Materialeigenschaften des Produktionsdesigns repräsentativ sind.	B-/A-/E-Bewertungen werden auf Grundlage der Ergebnisse der virtuellen und physischen Prüfungen an Designs und Teilen, die für das Produktionsziel repräsentativ sind, bestätigt und angepasst.	
D.5.4 Bedeutung	Bewertet die Bedeutung (B) die schwerwiegendste Fehlerfolge einer bestimmten Fehlerart der untersuchten Funktion?	Bewertungen sind widersprüchlich oder basieren nicht auf der entsprechenden Bewertungstabelle.	Bedeutungen basieren auf Zwischenfehlerfolgen, nicht den Fehlerfolgen für den Endnutzer.	Die Bedeutungen der Fehlerfolgen wurden unter kontrollierten Bedingungen mit wiederholbaren Prüfungen oder in früheren Anwendungen gewonnenen Erkenntnissen verifiziert. Jeder Endnutzer hat einen Bedeutungswert mit der höchsten Bewertung B für die Fehlerart.	

Tabelle 8.1.6 5. Schritt DFMEA *(Fortsetzung)*

5. Schritt DFMEA	DFMEA-REVIEW	Nicht oder rudimentär erfüllt (0-1)	Größtenteils oder durchschnittlich erfüllt (2-3)	Erfüllt oder übererfüllt (4-5)	Bewertung (0-5)
D.5.5 Auftreten	Bewertet das Auftreten (A) die Fehlerursache, die zur Fehlerart führt, während der Lebensdauer des Produkts unter Berücksichtigung der zugehörigen Vermeidungsmaßnahmen?	Das Auftreten ist kleiner als 10 ohne Aufführung von Vermeidungsmaßnahmen. Bewertungen sind widersprüchlich oder basieren nicht auf der entsprechenden Bewertungstabelle.	Das Auftreten ist konsequent niedriger als die veröffentlichten Werte. Die Bewertungen passen nicht zu den Vermeidungsmaßnahmen.	Das Auftreten ist korrekt bewertet und basiert auf den beschriebenen Vermeidungsmaßnahmen.	
D.5.6 Entdeckung	Bewertet die Entdeckung (E) die Wirksamkeit der Entdeckungsmaßnahme bei der verlässlichen Aufdeckung der Fehlerursache oder Fehlerart vor Freigabe des Produkts für die Produktion?	Die Entdeckung ist kleiner als 10 ohne Aufführung von Entdeckungsmaßnahmen. Bewertungen sind widersprüchlich oder basieren nicht auf der entsprechenden Bewertungstabelle.	Die Entdeckung ist konsequent niedriger als die veröffentlichten Werte. Die Bewertungen passen nicht zu den Entdeckungsmaßnahmen.	Die Entdeckung bewertet die wirksamste Vermeidungsmaßnahme. Die Bewertungen entsprechen der aktuellen Publikation. Die Entdeckung wird durch Prüfergebnisse bestätigt und verifiziert.	
D.5.7 Aufgabenpriorität (AP)	Ersetzt der AP-Ansatz die Risikoprioritätszahl (RPZ) als verbesserte Methode der Maßnahmenpriorisierung?	Keine Aufgabenpriorität zugewiesen oder weiterhin Verwendung der RPZ, SO usw., die der AP-Ansatz ersetzt	Einige oder die meisten Aufgabenprioritäten sind zugewiesen.	Sämtliche Aufgabenprioritäten sind korrekt und konsequent gemäß der AP-Bewertungstabelle zugewiesen.	
Gesamtpunktzahl (35 mögliche Punkte)					
Maßnahmen zur Verbesserung/Erkenntnisse:					

Tabelle 8.1.7 6. Schritt DFMEA

6. Schritt DFMEA	DFMEA-REVIEW	Nicht oder rudimentär erfüllt (0-1)	Größtenteils oder durchschnittlich erfüllt (2-3)	Erfüllt oder übererfüllt (4-5)	Bewertung (0-5)
D.6	DFMEA-OPTIMIERUNG				
D.6.1 Verbesserung von Maßnahmen	Beinhaltet die DFMEA Verbesserungsmaßnahmen auf Grundlage der Methode der Aufgabenpriorität?	Maßnahmenspalte nicht ausgefüllt oder keine Maßnahmen in der DFMEA identifiziert und als „Keine" dokumentiert	Maßnahmen ohne klare Erklärung, wie die Maßnahme die potenzielle Fehlerursache oder Fehlerart ansprechen soll	Detaillierte Vermeidungs- und Entdeckungsmaßnahmen auf Grundlage der Aufgabenpriorität identifiziert	
D.6.2 Zuweisung von Maßnahmen	Sind den Maßnahmen Verantwortliche und Termine für die Maßnahmenumsetzung zugewiesen?	Verantwortliche oder Termine fehlen	Verantwortliche und/oder Termin haben keine konsistente Form und/oder entsprechen nicht dem Projektzeitplan	Verantwortliche und Termine in konsistenter Form beschrieben und Status zugewiesen	
D.6.3 Kommunikation von Maßnahmen	Sind abgeschlossene Maßnahmen als durchgeführt in die Dokumentation eingetragen und somit offene Schleifen geschlossen?	Nachweise der Dokumentation abgeschlossener Maßnahmen nicht vorhanden.	Abgeschlossene Maßnahmen mit Verweisen auf Dokumentnamen und -nummern, aber die Abschlussdaten fehlen.	Abgeschlossene Maßnahmenmit Verweisen auf Dokumentnamen und -nummern.	
D.6.4 Wirksamkeit von Maßnahmen betätigt	Ist die Wirksamkeit der Maßnahme bestätigt?	Verbesserte Bedeutung, Auftreten und/oder Entdeckung nicht bestimmt oder keine Verbesserung	Verbesserte Bedeutung, Auftreten und/oder Entdeckung werden aufgezeigt.	Verbesserte Bedeutung, Auftreten und/oder Entdeckung aufgrund der getroffenen Maßnahmen und zusätzlicher Bemerkungen des Teams.	

Tabelle 8.1.7 6. Schritt DFMEA *(Fortsetzung)*

6. Schritt DFMEA	DFMEA-REVIEW	Nicht oder rudimentär erfüllt (0-1)	Größtenteils oder durchschnittlich erfüllt (2-3)	Erfüllt oder übererfüllt (4-5)	Bewertung (0-5)
D.6.5 Änderungen für fortlaufende Verbesserung	Beinhaltet die DFMEA Änderungen für die fortlaufende Verbesserung?	Keine Revisionen seit Produktionsbeginn oder kein System installiert, um eine DFMEA-Review auszulösen.	Die DFMEA wird regelmäßig überprüft oder ein System ist installiert, das die DFMEA-Review bei Bedarf auslöst.	Das System zur Auslösung der DFMEA-Review wird befolgt und die DFMEA enthält Verweise darauf, warum die DFMEA geändert wurde.	
Gesamtpunktzahl (25 mögliche Punkte)					
Maßnahmen zur Verbesserung/Erkenntnisse:					

Tabelle 8.1.8 7. Schritt DFMEA

7. Schritt DFMEA	DFMEA-REVIEW	Nicht oder rudimentär erfüllt (0-1)	Größtenteils oder durchschnittlich erfüllt (2-3)	Erfüllt oder übererfüllt (4-5)	Bewertung (0-5)
D.7	DFMEA-ERGEBNISDOKUMENTATION				
D.7.1 Umfang	Reduzieren alle Maßnahmen das Risiko?	Maßnahmen zur Risikoreduzierung sind nicht aktuell.	Nicht alle Maßnahmen zur Risikoreduzierung sind aktuell.	Maßnahmen zur Risikoreduzierung sind aktuell und kommuniziert.	
D7.2 Hilfsmittel	Werden die Inhalte der Dokumentation festgelegt?	Inhalte der Dokumentation nicht festgelegt.	Inhalte der Dokumentation meistens festgelegt und vorhanden.	Inhalte der Dokumentation festgelegt und vorhanden.	
D7.3 Analyse	Bewerten umgesetzte Maßnahmen die Wirksamkeit und das Restrisiko?	Umgesetzte Maßnahmen nicht auf Wirksamkeit geprüft und Restrisiko offen.	Nicht alle umgesetzten Maßnahmen auf Wirksamkeit geprüft und deren Restrisiko offen.	Getroffene Maßnahmen mit Wirksamkeitsbestätigung und die Bewertung des Risikos nach Umsetzung der Maßnahmen dokumentiert.	

Tabelle 8.1.8 7. Schritt DFMEA *(Fortsetzung)*

7. Schritt DFMEA	DFMEA-REVIEW	Nicht oder rudimentär erfüllt (0-1)	Größtenteils oder durchschnittlich erfüllt (2-3)	Erfüllt oder übererfüllt (4-5)	Bewertung (0-5)
D7.4 Beteiligte	Werden die Maßnahmen zur Risikoreduzierung berichtet?	Eigene Organisation, Kunden und ggf. Lieferanten nicht über die Maßnahmen zur Risikoreduzierung informiert.	Eigene Organisation, Kunden und ggf. Lieferanten nicht ausreichend über die Maßnahmen zur Risikoreduzierung informiert.	Eigene Organisation, Kunden und ggf. Lieferanten über die Maßnahmen zur Risikoreduzierung informiert.	
D7.5 Ergebnis	Werden Risikoanalyse und Risikoreduzierung aufgezeigt?	Risikoanalyse und -reduzierung nicht ausreichend dokumentiert.	Risikoanalyse und -reduzierung größtenteils auf ein annehmbares Risiko dokumentiert.	Risikoanalyse und die -reduzierung auf ein annehmbares Risiko dokumentiert.	
Gesamtpunktzahl (25 mögliche Punkte)					
Maßnahmen zur Verbesserung/Erkenntnisse:					

8.2 Selbsteinschätzung PFMEA

Tabelle 8.2.1 1. Schritt PFMEA

1. Schritt PFMEA	PFMEA-REVIEW	Nicht oder rudimentär erfüllt (0-1)	Größtenteils oder durchschnittlich erfüllt (2-3)	Erfüllt oder übererfüllt (4-5)	Bewertung (0-5)
P.1	PLANUNG UND VORBEREITUNG				
P.1.1 Kundenschnittstelle	Wurde die Schnittstelle mit dem Kunden abgestimmt?	Es ist keine Schnittstelle vorhanden.	Einige Annahmen sind unverständlich.	Die Schnittstellenabstimmung mit dem Kunden ist dokumentiert.	
P.1.2 Lieferantenschnittstelle	Wurde die Schnittstelle mit dem Lieferanten abgestimmt?	Es ist keine Schnittstelle vorhanden.	Einige Annahmen sind unverständlich.	Die Schnittstellenabstimmung mit dem Lieferanten ist dokumentiert.	
P.1.3 Zweck	Sind die Hauptziele der Planung und Vorbereitung (System, Teilsystem, Komponente) für die PFMEA definiert?	Die Hauptziele der Planung und Vorbereitung der PFMEA sind nicht definiert.	Nur einige der Hauptziele und Teile der Planung und Vorbereitung der PFMEA sind definiert.	Die Hauptziele der Planung und Vorbereitung der PFMEA sind im Prozessflussdiagramm und in der Formblattkopfzeile definiert.	
P.1.4 Projektplan	Stimmt der Status der PFMEA mit dem Projektplan überein?	Keine Übereinstimmung	Übereinstimmung in einigen Punkten	Vollständige Übereinstimmung	
P.1.5 Erkenntnisse	Werden die Wiederverwendung und die gewonnenen Erkenntnisse berücksichtigt?	Kein Nachweis für Wiederverwendung oder gewonnene Erkenntnisse	Teilweiser Nachweis für Wiederverwendung und/oder gewonnene Erkenntnisse	Wiederverwendung und gewonnene Erkenntnisse sind berücksichtigt und dokumentiert.	
P.1.6 Ressourcenplanung	Sind die Ressourcen für die PFMEA zugewiesen?	Es wurden keine Ressourcen zugewiesen.	Einige Ressourcen wurden benannt.	Ressourcen für die PFMEA sind zugewiesen.	
Gesamtpunktzahl (30 mögliche Punkte)					
Maßnahmen zur Verbesserung / Erkenntnisse:					

Tabelle 8.2.2 5Z PFMEA

5Z PFMEA	PFMEA-REVIEW	Nicht oder rudimentär erfüllt (0-1)	Größtenteils oder durchschnittlich erfüllt (2-3)	Erfüllt oder übererfüllt (4-5)	Bewertung (0-5)
PZ	PROJEKTPLANUNG				
PZ.1 Zweck	Hat das Team den Zweck und das Ziel der PFMEA verstanden?	Die Teammitglieder wurden möglicherweise vor Durchführung der PFMEA nicht geschult.	Einige Teammitglieder haben an DFMEA-Schulungen teilgenommen oder das Team verlässt sich auf einen erfahrenen Moderator.	Eine Überblicksschulung zum 7-Schritte-Verfahren ist Voraussetzung für die Teilnahme am DFMEA-Team.	
PZ.2 Zeitplan	Wurde die PFMEA rechtzeitig durchgeführt?	Die PFMEA wurde nach Einführung des Produktes oder Prozesses durchgeführt.	Die DFMEA wurde rechtzeitig durchgeführt, jedoch zu spät fertiggestellt.	Die DFMEA wurde vor Einführung des Produkts oder Prozesses durchgeführt, in denen die potenzielle Fehlerart vorkommt.	
PZ.3 Teamzusammensetzung	War das Team multidisziplinär aufgestellt?	Das Team hat die Analyse nicht durchgeführt oder dem Team fehlten Teilnehmer aus einigen Bereichen und/oder dem Management.	Das Team hat die Analyse ohne Moderationskenntnisse oder ohne Abstimmung der Ergebnisse mit dem Management durchgeführt.	Ein ausgebildeter DFMEA-Moderator ist Teil des Teams und/oder das Team hat die Ergebnisse mit dem Management abgestimmt.	
PZ.4 Aufgabenzuweisung	Ist verständlich, dass das 7-Schritte-Verfahren den Rahmen für die Aufgaben und Ergebnisse der PFMEA bildet?	Teile des 7-Schritte-Verfahrens fehlen oder die Ergebnisse sind nur oberflächlich.	Die Ergebnisse des 7-Schritte-Verfahrens sind offensichtlich und nützlich für die Fehlervermeidung.	Die Ergebnisse des 7-Schritte-Verfahrens sind umfassend und effektiv für die Fehlervermeidung.	

Tabelle 8.2.2 5Z PFMEA *(Fortsetzung)*

5Z PFMEA	PFMEA-REVIEW	Nicht oder rudimentär erfüllt (0-1)	Größtenteils oder durchschnittlich erfüllt (2-3)	Erfüllt oder übererfüllt (4-5)	Bewertung (0-5)
PZ.5 Werkzeuge	Hat das Team die notwendigen Kenntnisse über die Anwendung des PFMEA-Entwicklungstools (Software oder Formblätter)?	Die Teammitglieder haben keine Erfahrung mit der PFMEA-Software oder nur Grundkenntnisse zu den notwendigen Unternehmens- und/oder Kundendokumenten.	Die Teammitglieder lassen sich freiwillig in der DFMEA-Software schulen oder haben Erfahrung mit der Erstellung der notwendigen Unternehmens- und/oder Kundendokumente.	Die Teammitglieder wissen, wie die DFMEA-Software für ihr Projekt seitens des Unternehmens und/oder Kunden anzuwenden ist.	
Gesamtpunktzahl (25 mögliche Punkte)					
Maßnahmen zur Verbesserung / Erkenntnisse:					

Tabelle 8.2.3 2. Schritt PFMEA

2. Schritt PFMEA	PFMEA-REVIEW	Nicht oder rudimentär erfüllt (0-1)	Größtenteils oder durchschnittlich erfüllt (2-3)	Erfüllt oder übererfüllt (4-5)	Bewertung (0-5)
P.2	STRUKTURANALYSE				
P.2.1 Identifizierung der Systemelemente	Sind die relevanten Prozesselemente, Prozessschritte, Prozessursachenelemente und die Definition der Systemstruktur festgelegt?	Die relevanten Prozesselemente, Prozessschritte und Prozessursachenelemente sind nicht identifiziert oder die Systemstruktur ist nicht definiert.	Einige Prozesselemente, Prozessschritte und Prozessursachenelemente wurden identifiziert oder die Systemstruktur wurde teilweise definiert.	Alle Prozesselemente, Prozessschritte und Prozessursachenelemente wurden identifiziert oder die Systemstruktur wurde definiert.	
P.2.2 PFMEA-Analyse	Stimmt die PFMEA-Analyse mit jedem Prozessschritt des Herstellungsvorgangs oder der Station überein?	Einige Prozessschritte fehlen.	Die meisten Prozessschritte sind erfasst.	Alle Prozessschritte sind erfasst.	

Tabelle 8.2.3 2. Schritt PFMEA *(Fortsetzung)*

2. Schritt PFMEA	PFMEA-REVIEW	Nicht oder rudimentär erfüllt (0-1)	Größtenteils oder durchschnittlich erfüllt (2-3)	Erfüllt oder übererfüllt (4-5)	Bewertung (0-5)
P.2.3 Visuelle Darstellung	Wird die Planung visuell dargestellt, z. B. in einem Prozessflussdiagramm oder Strukturbaum?	Es gibt keine visuelle Darstellung.	Die Planung wird visuell dargestellt, die Darstellung ist jedoch unvollständig oder zu detailliert.	Die Planung wird visuell dargestellt und zeigt jeden Prozessschritt detailliert.	
P.2.4 Nachweise	Gibt es Nachweise über die Analyse der Zusammenhänge, Schnittstellen und Wechselwirkungen zwischen den Prozesselementen, Prozessschritten und Ursachenelementen?	Prozesselemente, Prozessschritte und 4M-Ursachenelemente fehlen.	Einige/die meisten Prozesselemente, Prozessschritte und 4M-Ursachenelemente sind erfasst.	Sämtliche Prozesselemente, Prozessschritte und 4M-Ursachenelemente sind erfasst.	
Gesamtpunktzahl (20 mögliche Punkte)					
Maßnahmen zur Verbesserung / Erkenntnisse:					

Tabelle 8.2.4 3. Schritt PFMEA

3. Schritt PFMEA	PFMEA-REVIEW	Nicht oder rudimentär erfüllt (0-1)	Größtenteils oder durchschnittlich erfüllt (2-3)	Erfüllt oder übererfüllt (4-5)	Bewertung (0-5)
P.3	FUNKTIONSANALYSE				
P.3.1 Funktion des Prozesselements	Sind die Produkt- und Herstellungsfunktionen mit dem Prozesselement verbunden?	Einige Funktionen fehlen oder sind missverständlich.	Die meisten Funktionen sind mit dem Prozesselement verbunden.	Alle Funktionen sind mit den Prozesselementen verbunden.	
P.3.2 Funktion des Prozessschritts	Sind die Funktionen mit den Prozessschritten verbunden, die die Tätigkeiten beschreiben, mit denen das beabsichtigte Ergebnis des Arbeitsgangs erzielt wird?	Einige Funktionen fehlen oder sind missverständlich.	Die meisten Funktionen sind mit dem Prozesselement verbunden.	Alle Funktionen sind mit den Prozesselementen verbunden.	
P.3.3 Funktion des Prozessursachenelements	Sind die Funktionen mit den Prozessursachenelementen verbunden, die die für die Unterstützung des Prozessschritts notwendigen Tätigkeiten beschreiben?	Einige Funktionen fehlen oder sind missverständlich.	Die meisten Funktionen sind mit dem Prozesselement verbunden.	Alle Funktionen sind mit den Prozesselementen verbunden.	
P.3.4 Forderungen	Beziehen sich die Forderungen auf die Leistung der Prozessfunktionen und können gemessen oder beurteilt werden?	Forderungen für einige oder alle Funktionen fehlen.	Forderungsbeschreibungen sind missverständlich und beschreiben nicht, wie die beabsichtigte Leistung der Funktion sein soll.	Forderungen sind vollständig und verständlich.	

Tabelle 8.2.4 3. Schritt PFMEA *(Fortsetzung)*

3. Schritt PFMEA	PFMEA-REVIEW	Nicht oder rudimentär erfüllt (0-1)	Größtenteils oder durchschnittlich erfüllt (2-3)	Erfüllt oder übererfüllt (4-5)	Bewertung (0-5)
P.3.5 Visualisierung der Funktionszusammenhänge	Maßnahmen zur Verbesserung / Erkenntnisse:	Funktionen beinhalten keine Verbindungen oder Wechselwirkungen, die Beziehungen zwischen Prozesselementen, Prozessschritten und Prozessursachenelementen darstellen. Es gibt keinen Nachweis einer logischen Verknüpfung.	Funktionen beinhalten teilweise Verbindungen oder Wechselwirkungen, die Beziehungen zwischen Prozesselementen, Prozessschritten und Prozessursachenelementen darstellen. Einige/die meisten der Prozesselemente, Prozessschritte und Prozessursachenelemente sind logisch miteinander verknüpft.	Mit den Funktionen können Verknüpfungen und Wechselwirkungen zwischen Prozesselementen, Prozessschritten und Prozessursachenelementen nachvollzogen werden, die physisch im Prozessdurchlauf existieren. Alle Prozesselemente, Prozessschritte und Prozessursachenelemente sind logisch miteinander verknüpft.	
Gesamtpunktzahl (25 mögliche Punkte)					
Maßnahmen zur Verbesserung / Erkenntnisse:					

Tabelle 8.2.5 4. Schritt PFMEA

4. Schritt PFMEA	PFMEA-REVIEW	Nicht oder rudimentär erfüllt (0-1)	Größtenteils oder durchschnittlich erfüllt (2-3)	Erfüllt oder übererfüllt (4-5)	Bewertung (0-5)
P.4	FEHLERANALYSE				
P.4.1 Fehler	Sind die Fehler klar und verständlich beschrieben?	Allgemeine Aussagen, die den Fehler nicht spezifisch beschreiben.	Fehlerbeschreibungen beziehen sich klar auf die Funktionen und sind leicht verständlich.	Alle Fehlerbeschreibungen sind verständlich im Format „Substantiv + Verb“.	

Tabelle 8.2.5 4. Schritt PFMEA *(Fortsetzung)*

4. Schritt PFMEA	PFMEA-REVIEW	Nicht oder rudimentär erfüllt (0-1)	Größtenteils oder durchschnittlich erfüllt (2-3)	Erfüllt oder übererfüllt (4-5)	Bewertung (0-5)
P.4.2 Fehler	Sind Fehler für jeden Prozessschritt aus den Produkt- oder Prozessmerkmalen abgeleitet?	Einige Produkt- oder Prozessmerkmale haben entsprechende Fehler.	Die meisten Produkt- oder Prozessmerkmale haben entsprechende Fehler.	Alle Produkt- oder Prozessmerkmale haben entsprechende Fehler.	
P.4.3 Fehlerkette	Wurde verstanden, dass eine Fehlerkette erstellt wurde, die bei Wiederholung den gesamten Fehlerablauf darstellt?	Die Fehlerkette passt nicht zueinander.	Die Fehlerkette ist für einige oder die meisten Fehlerarten nachvollziehbar.	Die Fehlerkette ist für alle Fehlerarten nachvollziehbar.	
P.4.4 Fehlernetz- und Fehlerkettenanalyse	Sind die Fehlerketten auf Grundlage der Funktionen erstellt und mittels Fehlernetzen und/oder Formblättern richtig dokumentiert, sodass die Beziehungen zwischen den Fehlern visuell dargestellt werden?	Fehlerarten, Fehlerursachen oder Fehlerfolgen fehlen oder sind der falschen Fehlerkategorie zugeordnet.	Fehlerarten, Fehlerursachen und Fehlerfolgen sind identifiziert, aber die entsprechenden Zusammenhänge sind nicht immer dargestellt.	Es gibt einen klaren, nachgewiesenen Zusammenhang- zwischen der Fehlerart und der entsprechenden Funktion, die Fehlerketten sind sichtig und sichtbar erstellt.	
P.4.5 Fehlerfolge	Bezeichnen die Fehlerfolgen die Auswirkungen der Fehlerart?	Fehlerfolgen beschreiben nicht angemessen, was im Fall einer Fehlerart passiert.	Die identifizierten Fehlerfolgen spiegeln die Auswirkungen der entsprechenden Fehlerarten wider.	Die Fehlerfolgen sind verständlich beschrieben und zeigen an, was der Nutzer bei Auftreten der Fehlerart erleben oder erfahren könnte. Die Zusammenarbeit mit dem Kunden und/oder Lieferanten ist offensichtlich.	

Tabelle 8.2.5 4. Schritt PFMEA *(Fortsetzung)*

4. Schritt PFMEA	PFMEA-REVIEW	Nicht oder rudimentär erfüllt (0-1)	Größtenteils oder durchschnittlich erfüllt (2-3)	Erfüllt oder übererfüllt (4-5)	Bewertung (0-5)
P.4.6 Fehlerart	Sind die Fehlerarten in technischen Begriffen definiert?	Fehlerarten werden mit allgemeinen Begriffen beschrieben und können nicht einfach zur Funktion zurückverfolgt werden.	Fehlerartbeschreibungen beziehen sich allgemein auf die erwarteten Funktionen.	Fehlerarten sind leicht verständlich in technischen Begriffen beschrieben und beziehen sich auf die erwartete Funktion.	
P.4.7 Fehlerursache	Sind die Fehlerursachen ein Hinweis darauf, warum die Fehlerarten auftreten könnten?	Es wurden nicht alle potenziellen Fehlerursachen identifiziert oder Fehlerursachen beschreiben nicht genau, warum die Fehlerart auftritt.	Fehlerursachen sind ordnungsgemäß identifiziert und beschreiben angemessen, warum die Fehlerart auftritt.	Alle Fehlerursachen sind präzise und vollständig aufgelistet, sodass spezifische Abhilfemaßnahmen ergriffen werden können.	
Gesamtpunktzahl (35 mögliche Punkte)					
Maßnahmen zur Verbesserung / Erkenntnisse:					

Tabelle 8.2.6 5. Schritt PFMEA

5. Schritt PFMEA	PFMEA-REVIEW	Nicht oder rudimentär erfüllt (0-1)	Größtenteils oder durchschnittlich erfüllt (2-3)	Erfüllt oder übererfüllt (4-5)	Bewertung (0-5)
P.5	RISIKOANALYSE				
P.5.1 Aktuelle Vermeidungsmaßnahmen	Ermöglichen aktuelle Vermeidungsmaßnahmen die optimale Prozessplanung, um das Auftreten von Fehlern zu minimieren?	Vermeidungsmaßnahmen fehlen oder sind allgemeine Aussagen, die sich nicht speziell auf die Leistungsanforderungen beziehen.	Vermeidungsmaßnahmen sind nicht konsequent auf die Fehlerursachen und Fehlerarten angewendet. Fehlersicherheit durch Produkt-, Vorrichtungs-, Maschinendesign usw. wird nicht erklärt.	Vermeidungsmaßnahmen geben Informationen über die Produkterfahrung.	

Tabelle 8.2.6 5. Schritt PFMEA *(Fortsetzung)*

5. Schritt PFMEA	PFMEA-REVIEW	Nicht oder rudimentär erfüllt (0-1)	Größtenteils oder durchschnittlich erfüllt (2-3)	Erfüllt oder übererfüllt (4-5)	Bewertung (0-5)
P.5.2 **Aktuelle Entdeckungsmaßnahmen**	Entdecken aktuelle Entdeckungsmaßnahmen das Vorhandensein der Fehlerursache oder Fehlerart vor Auslieferung des Produkts an den nächsten Kunden?	Entdeckungsmaßnahmen werden aufgeführt, die nicht wirklich umgesetzt werden oder die nicht die Bedingungen herstellen, unter denen der Fehler auftreten kann.	Entdeckungsmaßnahmen werden nicht konsequent auf die Fehlerursachen und Fehlerarten angewendet. Entdeckungsverfahren werden nicht erklärt.	Aktuelle Entdeckungsmaßnahmen sind verständlich und umfassend beschrieben (klares Verständnis von Fehlerursache, Fehlerart, Entdeckungsmethode).	
P.5.3 **Bestätigung der aktuellen Vermeidungs- und Entdeckungsmaßnahmen**	Wird die Wirksamkeit der aktuellen Vermeidungs- und Entdeckungsmaßnahmen bestätigt?	Vermeidungs- und Entdeckungsmaßnahmen sind nicht bestätigt.	Vermeidungs- und Entdeckungsmaßnahmen sind für einige oder die meisten Fehlerursachen und Fehlerarten als wirksam bestätigt.	Vermeidungs- und Entdeckungsmaßnahmen sind für alle Fehlerursachen und Fehlerarten als wirksam bestätigt.	
P.5.4 **Bedeutung**	Bewertet die Bedeutung (B) die schwerwiegendste Fehlerfolge einer bestimmten Fehlerart der untersuchten Funktion?	Bewertungen sind widersprüchlich oder basieren nicht auf der entsprechenden Bewertungstabelle.	Bedeutungen basieren auf Fehlerfolgen im Werk, nicht den Fehlerfolgen für das belieferte Werk oder den Endnutzer.	Bedeutung für Fehlerfolgen beim Endnutzer wurde durch Produktentwicklung, in früheren Anwendungen oder aus Erkenntnissen gewonnen und verifiziert.	
P.5.5 **Auftreten**	Bewertet das Auftreten (A) die Fehlerursache, die zur Fehlerart führt, während der Lebensdauer des Produkts unter Berücksichtigung der zugehörigen Vermeidungsmaßnahmen?	Das Auftreten ist kleiner als 10 ohne Aufführung von Vermeidungsmaßnahmen. Bewertungen sind widersprüchlich oder basieren nicht auf der entspr. Bewertungstabelle.	Das Auftreten ist konsequent niedriger als die veröffentlichten Werte. Die Bewertungen passen nicht zu den Vermeidungsmaßnahmen.	Das Auftreten ist korrekt und basiert auf beschriebenen Vermeidungsmaßnahmen.	

Tabelle 8.2.6 5. Schritt PFMEA *(Fortsetzung)*

5. Schritt PFMEA	PFMEA-REVIEW	Nicht oder rudimentär erfüllt (0-1)	Größtenteils oder durchschnittlich erfüllt (2-3)	Erfüllt oder übererfüllt (4-5)	Bewertung (0-5)
P.5.6 Entdeckung	Bewertet die Entdeckung (E) die Wirksamkeit der Entdeckungsmaßnahme bei der verlässlichen Aufdeckung der Fehlerursache oder Fehlerart vor Auslieferung des Produkts?	Die Entdeckung ist kleiner als 10 ohne Aufführung von Entdeckungsmaßnahmen. Bewertungen sind widersprüchlich oder basieren nicht auf der entsprechenden Bewertungstabelle.	Die Entdeckung ist konsequent niedriger als die veröffentlichten Werte. Die Bewertungen passen nicht zu den Entdeckungsmaßnahmen.	Die Entdeckung bewertet die wirksamste Vermeidungsmaßnahme. Die Bewertungen entsprechen der aktuellen Publikation. Die Entdeckung wird durch Bestätigung der Prüfergebnisse verifiziert.	
P.5.7 Aufgabenpriorität (AP)	Ersetzt der AP-Ansatz die Risikoprioritätszahl (RPZ) als verbesserte Methode der Maßnahmenpriorisierung?	Keine Aufgabenpriorität zugewiesen oder weiterhin Verwendung der RPZ, SO usw., die der AP-Ansatz ersetzt	Einige oder die meisten Aufgabenprioritäten sind zugewiesen.		
Gesamtpunktzahl (35 mögliche Punkte)					
Maßnahmen zur Verbesserung / Erkenntnisse:					

Tabelle 8.2.7 6. Schritt PFMEA

6. Schritt PFMEA	PFMEA-REVIEW	Nicht oder rudimentär erfüllt (0-1)	Größtenteils oder durchschnittlich erfüllt (2-3)	Erfüllt oder übererfüllt (4-5)	Bewertung (0-5)
P.6	PFMEA-OPTIMIERUNG				
P.6.1 Verbesserung von Maßnahmen	Beinhaltet die PFMEA Verbesserungsmaßnahmen auf Grundlage der Methode der Aufgabenpriorität?	Maßnahmenspalte nicht ausgefüllt oder keine Maßnahmen in der PFMEA identifiziert und als „Keine" dokumentiert.	Maßnahmen ohne klare Erklärung, wie die Maßnahme die potenzielle Fehlerursache oder Fehlerart ansprechen soll.	Detaillierte Vermeidungs- und Entdeckungsmaßnahmen auf Grundlage der Aufgabenpriorität identifiziert.	

Tabelle 8.2.7 6. Schritt PFMEA *(Fortsetzung)*

6. Schritt PFMEA	PFMEA-REVIEW	Nicht oder rudimentär erfüllt (0-1)	Größtenteils oder durchschnittlich erfüllt (2-3)	Erfüllt oder übererfüllt (4-5)	Bewertung (0-5)
P.6.2 Zuweisung von Maßnahmen	Sind den Maßnahmen Verantwortliche und Termine für die Maßnahmenumsetzung zugewiesen?	Verantwortliche oder Termine fehlen.	Verantwortliche und/oder Termin haben keine konsistente Form und/oder entsprechen nicht dem Projektzeitplan.	Verantwortliche und Termine in konsistenter Form beschrieben und Status zugewiesen.	
P.6.3 Kommunikation von Maßnahmen	Sind abgeschlossene Maßnahmen als durchgeführt in die Dokumentation eingetragen und somit offene Kreise geschlossen?	Nachweise der Dokumentation abgeschlossener Maßnahmen nicht vorhanden.	Abgeschlossene Maßnahmenmit Verweisen auf Dokumentnamen und -nummern, aber die Abschlussdaten fehlen.	Abgeschlossene Maßnahmenmit Verweisen auf Dokumentnamen und -nummern.	
P.6.4 Wirksamkeit von Maßnahmen betätigt	Ist die Wirksamkeit der Maßnahme bestätigt?	Verbesserte Bedeutung, Auftreten und/oder Entdeckung nicht bestimmt oder keine Verbesserung.	Verbesserte Bedeutung, Auftreten und/oder Entdeckung werden aufgezeigt.	Verbesserte Bedeutung, Auftreten und/oder Entdeckung aufgrund der getroffenen Maßnahmen und zusätzlicher Bemerkungen des Teams.	
P.6.5 Änderungen für fortlaufende Verbesserung	Beinhaltet die PFMEA Änderungen für die fortlaufende Verbesserung?	Keine Revisionen seit Produktionsbeginn oder kein System installiert, um eine PFMEA-Review auszulösen.	Die PFMEA wird regelmäßig überprüft oder ein System ist installiert, das die PFMEA-Review bei Bedarf auslöst.	Das System zur Auslösung der PFMEA-Review wird befolgt, und die PFMEA enthält Verweise darauf, warum die PFMEA geändert wurde.	
Gesamtpunktzahl (25 mögliche Punkte)					
Maßnahmen zur Verbesserung/Erkenntnisse:					

Tabelle 8.2.8 7. Schritt PFMEA

7. Schritt PFMEA	PFMEA-REVIEW	Nicht oder rudimentär erfüllt (0-1)	Größtenteils oder durchschnittlich erfüllt (2-3)	Erfüllt oder übererfüllt (4-5)	Bewertung (0-5)
P.7	PFMEA ERGEBNISDOKUMENTATION				
P.7.1 Umfang	Reduzieren alle Maßnahmen das Risiko?	Maßnahmen zur Risikoreduzierung sind nicht aktuell.	Nicht alle Maßnahmen zur Risikoreduzierung sind aktuell.	Maßnahmen zur Risikoreduzierung sind aktuell und kommuniziert.	
P7.2 Hilfsmittel	Werden die Inhalte der Dokumentation festgelegt?	Inhalte der Dokumentation nicht festgelegt.	Inhalte der Dokumentation meistens festgelegt und vorhanden.	Inhalte der Dokumentation festgelegt und vorhanden.	
P7.3 Analyse	Bewerten umgesetzte Maßnahmen die Wirksamkeit und das Restrisiko?	Umgesetzte Maßnahmen nicht auf Wirksamkeit geprüft und Restrisiko offen.	Nicht alle umgesetzten Maßnahmen auf Wirksamkeit geprüft und deren Restrisiko offen.	Getroffene Maßnahmen mit Wirksamkeitsbestätigung und die Bewertung des Risikos nach Umsetzung der Maßnahmen dokumentiert.	
P7.4 Beteiligte	Werden die Maßnahmen zur Risikoreduzierung berichtet?	Eigene Organisation, Kunden und ggf. Lieferanten nicht über die Maßnahmen zur Risikoreduzierung informiert.	Eigene Organisation, Kunden und ggf. Lieferanten nicht ausreichend über die Maßnahmen zur Risikoreduzierung informiert.	Eigene Organisation, Kunden und ggf. zum Lieferanten über die Maßnahmen zur Risikoreduzierung informiert.	
P7.5 Ergebnis	Werden Risikoanalyse und Risikoreduzierung aufgezeigt?	Risikoanalyse und -reduzierung nicht ausreichend dokumentiert.	Risikoanalyse und -reduzierung größtenteils auf ein annehmbares Risiko dokumentiert.	Risikoanalyse und die Reduzierung auf ein annehmbares Risiko dokumentiert.	
Gesamtpunktzahl (25 mögliche Punkte)					
Maßnahmen zur Verbesserung/Erkenntnisse:					

9 Entwicklungsgeschichte der FMEA

Die geschichtliche Entwicklung der FMEA reicht mehr als 60 Jahre zurück. Sie ist heute bei vielen Automobilherstellern und Lieferanten fester Bestandteil von Qualitätssicherungssystemen und wird zunehmend gefordert.

Die folgenden Veröffentlichungen der Methode sind von Bedeutung:

1949: Die FMEA-Methode wurde unter der Bezeichnung „Military Specification MIL-P-1629" vom US-Militär entwickelt. Sie diente als Bewertung der Zuverlässigkeit, um die Folgen von system- und ausrüstungsbezogenen Fehlern darzustellen. Die Fehler wurden anhand ihrer Auswirkungen auf Erfolg, Personal und Ausrüstungssicherheit klassifiziert.

1955: Verbreitete Anwendung der „Analyse potenzieller Probleme (APP)" von Kepner/Tregoe.

1963: Die nationale Luft- und Raumfahrtbehörde der USA (NASA) entwickelte die FMECA (Failure Mode, Effects, and Criticality Analysis) für die Apollo-Mission.

1965: Verbreitete Anwendung in der Luft- und Raumfahrttechnik, Lebensmittelindustrie und Nukleartechnik.

1975: Die Methode wurde in der Atomindustrie und anderen Branchen eingeführt.

1977: Beginn der Anwendung der FMEA-Methode in der Automobilbranche durch Ford Motor Co.

1980: In Deutschland wurde sie als DIN 25448 mit dem Titel „Ausfalleffektanalyse" in den Normenkatalog aufgenommen. Der Verband der Automobilindustrie (VDA) entwickelte die Methodik automobilspezifisch weiter.

1986: Die erste Methodenbeschreibung wurde in VDA 4 unter dem Titel „Sicherung der Qualität vor Serieneinsatz" veröffentlicht. Die Methode fand immer größere Verbreitung in der Automobilindustrie.

1990: Die Methode für die System-FMEA Produkt und die System-FMEA Prozess wurde vom VDA für die Automobilindustrie weiterentwickelt. In der Medizin- und Telekommunikationstechnik hielt die FMEA-Methode in den 1990er Jahren Einzug.

1993: Das AIAG FMEA Reference Manual wurde von den FMEA-Teams bei Chrysler, Ford und General Motors unter Schirmherrschaft der Sektion Automobilindustrie der ASQC (American Society for Quality Control) entwickelt und veröffentlicht. Dieses Referenzhandbuch sollte den Mehraufwand im Lieferantenmanagement aufgrund abweichender Richtlinien und Formate reduzieren.

1994: Der SAE J1739 FMEA-Standard wurde gemeinsam von Chrysler, Ford und GM entwickelt. Finanziert wurde das Projekt vom USCAR (United States Council for Automotive Research LLC).

1995: SAE J1739 2. Auflage.

1996: VDA Band 4, Teil 2 wurde mit dem Zusatz „Sicherung der Qualität vor Serieneinsatz – System-FMEA" veröffentlicht.

1999: Die Deutsche Gesellschaft für Qualität e.V. (DGQ) gründete eine Arbeitsgruppe, um die Anwendung der FMEA für zusätzliche Bereiche zu formulieren, beispielsweise für den Dienstleistungssektor und das Projektmanagement.

2000: SAE J1739 wurde als empfohlene Methode überarbeitet.

2001: Band 13-11 des DGQ wurde veröffentlicht.

2001: Internationale Standardisierung (IEC 60812). Die 3. Auflage des SAE J1739 Handbuchs diente als Referenz für den Qualitätsstandard ISO QS 9000. Die 3. Auflage des AIAG-FMEA-Handbuchs wurde veröffentlicht.

2002: Band 13-11 des DGQ wurde überarbeitet.

2006: Das VDA-Handbuch Band 4, Kapitel „Produkt- und Prozess-FMEA" wurde überarbeitet.

2008: Die 4. Auflage des SAE J1739 dient als technische Grundlage für das AIAG-Referenzhandbuch. Mitglieder der Arbeitsgruppe J1739 wirken an technischen Änderungen und Verbesserungen der AIAG FMEA Referenzhandbücher mit. Die 4. Auflage des AIAG-FMEA-Handbuchs wurde veröffentlicht.

2015: Es wurde erkannt, dass die FMEA-Handbücher zum Nutzen multinationaler OEMs und Lieferanten harmonisiert werden sollten. Dies bot die Gelegenheit, einen verbesserten Text zu entwickeln, Bewertungsskalen zu standardisieren, die Methode der Risikobewertung zu verbessern und Risikobewertungen speziell für die funktionale Sicherheit einzubinden.

2019: Die 1. Ausgabe des „AIAG & VDA FMEA-Handbuch, Design-FMEA, Prozess-FMEA, FMEA-Ergänzung – Monitoring & Systemreaktion" wurde gemeinsam von der AIAG und dem VDA veröffentlicht.

10 Literatur

Deutsche Gesellschaft für Qualität (DGQ): DGQ-Schrift 13 – 11: FMEA – Fehlermöglichkeits- und Einflussanalyse, Berlin 2008

Doßke, W.: Aufwand und Nutzen von Risikoanalysen, Diplomarbeit, BMW AG, München 1994 (nicht veröffentlicht)

EN ISO 9001 Qualitätsmanagementsysteme – Anforderungen, ISO 9001:2015

International Automotive Task Force: IATF 16949 Qualitätsmanagement Systemstandard der Automobilindustrie, Anforderungen an Qualitätsmanagementsysteme für die Serien- und Ersatzteilproduktion in der Automobilindustrie, Erste Ausgabe, 1. Oktober 2016

ISO 26262:2018-12: Straßenfahrzeuge – Funktionale Sicherheit

Pfeufer, H.-J.: Fehlermöglichkeits- und Einflussanalyse (FMEA), in: Hansen, W.; Jansen, H. H.; Kamiske, G. F. [Hrsg.]: Qualitätsmanagement im Unternehmen, Grundlagen, Methoden und Werkzeuge, Praxisbeispiele, Berlin 2002

Pfeufer, H.-J.: FMEA – Fehlermöglichkeits- und Einflussanalyse, Kamiske, G. F. [Hrsg.], POCKET POWER, Carl Hanser Verlag, München 11/2014

SAE J1739:2021-01-13: Potential Failure Mode and Effects Analysis in Design (Design FMEA) and Potential Failure Mode and Effects Analysis in Manufacturing and Assembly Processes (Process FMEA) Reference Manual

Schloske, A.: Vortrag DGQ-Regionalkreis Stuttgart, Interpretation der neuen AIAG-VDA-Bewertungstabellen, 2020-11-25 Skript

Schmitt, R.; Pfeifer, T.: Qualitätsmanagement, 4. Auflage, München 2010

Verband der Automobilindustrie e. V. (VDA): AIAG & VDA FMEA-Handbuch, Design-FMEA, Prozess-FMEA, FMEA-Ergänzung – Monitoring & Systemreaktion, 1. Ausgabe 2019

Verband der Automobilindustrie e. V. (VDA): VDA Band 2: Sicherung der Qualität von Lieferungen, Produktionsprozess und Produktfreigabe (PPF), 6. überarbeitete Auflage, April 2020

Verband der Automobilindustrie e. V. (VDA): VDA Band 4 – Qualitätsmanagement in der Automobilindustrie, Sicherung der Qualität vor Serieneinsatz, Kapitel Produkt- und Prozess-FMEA, Frankfurt am Main 2006

Verband der Automobilindustrie e. V. (VDA): VDA Band Reifegradabsicherung für Neuteile: 2. überarbeitete Auflage, Frankfurt am Main Oktober 2009

Verband der Automobilindustrie e. V. (VDA): VDA Band Reifegradabsicherung für Neuteile (RGA), Frankfurt am Main 2017

11 Index

Symbole

D

E

F

12 Der Autor

Dipl.-Ing. Hans-Joachim Pfeufer studierte Fahrzeugtechnik in Köln sowie Kraftfahrwesen an der RWTH Aachen und qualifizierte sich als Wertanalytiker, DGQ-Instruktor Statistik, DGQ/EOQ-Auditor, zertifizierter Auditor VDA 6.1 und IATF 16949, Prozess-Auditor VDA 6.3, EFQM-/LEP-Senior-Assessor.

Er war als Witness-Auditor für ISO/TS 16949 und IATF 16949 vom VDA-QMC beauftragt.

Als selbständiger Trainer und Prüfer hat er sich spezialisiert und ist in den Bereichen System- und Prozessaudits, Core Tools (APQP/RGA, PPAP/PPF, FMEA, SPC, MSA), 8D Report, Besondere Merkmale, Fehlerbaumanalyse, Lieferantenmanagement und Lasten-/Pflichtenheft tätig.

Zusätzlich trainierte und beriet er Führungskräfte und Mitarbeiter zu QM-Methoden und -Systemen

Herr Pfeufer hat mehr als 30 Jahre Erfahrung in der Automobilindustrie. Er war bei der BMW AG München in verschiedenen Funktionen aktiv. Unter anderem war er in der Antriebsentwicklung und der Unternehmensqualität verantwortlich für Methodenanwendungen und Prozessanalysen in verschiedenen Problemlösungsteams und Task Forces.

Weiterhin war er Bereichsverantwortlicher für den Lastenheftprozess, Qualitätsplanung und Gateway-/Synchromanagement in der Antriebsentwicklung und Verantwortlicher für die Auditprogrammplanung im Gesamtunternehmen.

Als Methodenspezialist leitete er die VDA-Arbeitskreise FMEA, Besondere Merkmale und den deutschen Arbeitsreis zur Harmonisierung der FMEA zwischen VDA und AIAG.

Er ist aktiv im VDA-QMC und der DGQ mit maßgeblicher Mitwirkung an verschiedenen Veröffentlichungen.